青少年自然科普丛书

地 球 万 象

方国荣　主编

台海出版社

图书在版编目（CIP）数据

地球万象 / 方国荣主编. —北京：台海出版社，
2013. 7
（大自然科普丛书）
ISBN 978-7-5168-0189-5

Ⅰ. ①地…Ⅲ. ①方…Ⅲ. ①地球科学—青年读物
②地球科学—少年读物 Ⅳ. ①P-49

中国版本图书馆CIP数据核字（2013）第130422号

地球万象

主　　编：方国荣

责任编辑：俞滟荣

装帧设计：视界创意　　　　　　版式设计：钟雪亮
责任校对：刘　琳　　　　　　　责任印制：蔡　旭

出版发行：台海出版社
地　　址：北京市朝阳区劲松南路1号，　　邮政编码：　100021
电　　话：010—64041652（发行，邮购）
传　　真：010—84045799（总编室）
网　　址：www.taimeng.org.cn/thcbs/default.htm
E-mail：thcbs@126.com

经　　销：全国各地新华书店
印　　刷：北京一鑫印务有限公司
本书如有破损、缺页、装订错误，请与本社联系调换

开　　本：710×1000　　　1/16
字　　数：173千字　　　　　　　印　张：11
版　　次：2013年7月第1版　　　印　次：2021年6月第3次印刷
书　　号：ISBN 978-7-5168-0189-5

定价：28.00元

目录 MU LU

青少年自然科普丛书

qingshaoniancironkepuconsshu

地球万象

我们只有一个地球

方国荣

巨人安泰是古希腊神话中一个战无不胜的英雄，他是人类征服自然的力量象征。

然而，作为海神波塞冬和地神盖娅的儿子，安泰战无不胜的秘诀在于：只要他不离开大地——母亲，他就能汲取无尽的能量而所向无敌。

安泰的秘密被另一位英雄赫拉克勒斯察觉了。赫拉克勒斯将他举离地面时，安泰失去了母亲的庇护，立刻变得软弱无力，最终走向失败和灭亡。

安泰是人类的象征，地球是母亲的象征。人类离不开地球，就如鱼儿离不开水一样。

人类所生存的地球，是由土地、空气、水、动植物和微生物组成的自然世界。这个世界比人类出现要早几十亿年，人类后来成为其中的一个组成部分；并通过文明进程征服了自然世界，成为自然的主人。

近代工业化创造了人类的高度物质文明。然而，安泰的悲剧又出现了：工业污染，动物濒灭，森林砍伐，水土流失，人口倍增，资源贫竭，粮食危机……地球母亲不堪重负，人类的生存环境遭到人类自身严重的破坏。

人类曾努力依靠文明来摆脱对地球母亲的依赖。人造卫星、航天飞机上天，使向月亮和其他星球"移民"成为可能；对宇宙的探索和征服使人类能够寻找除地球以外的生存空间，几千年的神话开始走向现实。

然而，对于广袤无际的宇宙和大自然来说，智慧的人类家族仍然是幼稚的——人类五千年的文明成果对宇宙时空来说只是沧海一粟。任何成功的旅程都始于足下——人类仍然无法脱离大地母亲的庇护。

美国科学家通过"生物圈二号"的实验企图建立起一个模拟地球生态的人工生物圈，使脱离地球后的人类能到宇宙中去生存。然而，美好理想失败了，就目前的人类科技而言，地球生物圈无法人工再造。

英雄失败后最大的收获是"反思"。舍近求远不是唯一的出路，我们何不珍惜我们现在的生存空间，爱我地球、爱我母亲、爱我大自然，使她变得更美丽呢？

这使人类更清晰地认识到：人类虽然主宰着地球，同时更依赖着地球与地球万物的共存；如果人类破坏了大自然的生态平衡，将会受到大自然的惩罚。

青少年是明天的主人、世界的主人，21世纪是科学、文明、人与自然取得和谐平衡的世纪。保护自然、保护环境、保护人类家园是每个青少年义不容辞的职责。

"青少年自然科普丛书"是一套引人入胜的自然百科和环境保护读物，融知识性和趣味性于一炉。你将随着这套丛书遨游太空和地球，遨游海洋和山川，遨游动物天地和植物世界；大至无际的天体，小至微观的细菌——使你从中学到丰富的自然常识、生态环境知识；使你了解人与自然的关系，建立起环境保护的意识，从而激发起你对大自然、对人类本身的进一步关心。

◎ 话说地球 ◎

　　人类已经能够飞离地球到太空中去探索宇宙的秘密。然而，人类对地球本身的了解仍然欠缺，特别是对地球深处秘密的揭示，还需一代又一代人的努力……

古人的地球说

古人凭直觉观察地球，并不认为大地是球形的。中国一直就有"天圆地方"的说法。古人认为"天圆如张盖，地方如棋局"，甚至还具体说明：大地是个平直的、每边为81万里的正方形，而天空则像一把华伞，向四周垂下，天顶高度为8万里，大地静止不动，日月星辰在天空上，以地球为中心旋转着。

古埃及人在一个木乃伊棺上绘了一幅天地形状的画，在这幅画中，大地是身披植物的斜卧着的男神凯布的身躯，天穹则是曲身拱腰姿态优美的女神吕蒂的身躯。她被大地之神用双手托浮着，而吕蒂支撑着自己身躯的双手和双足就成了天宇的四根柱子。

古巴比伦人认为宇宙是一个闭合的箱子，大地是这个闭合箱子的底板，中央矗立着终年冰雪覆盖的中空山岳，而他们的母亲河——幼发拉底河就发源于山岳中。大地的四周有海水包围，水之外有"天山"，支撑着蓝色的天穹，日月星辰就沿着天穹从一端横越到另一端。

古印度人关于地球形状的观念各式各样，很不一致，其中流传较广的一种说法是：护持神毗瑟拿，化身为大海龟，海龟的硬壳背上站着几头大象，大象驮着半圆形的大地，大象动一动，便引起地震，而海龟又站在作为水的象征的眼镜蛇身上。半圆形的大地中央耸立着须弥山，日月绕山运行，太阳在山前时为白昼，落入到山后时，则为黑夜了。

其中"龟驮大地"的说法与中国古代的说法有共同之处。这些神话传说，虽然各式各样，我们从中却可以看到一个共同点，即都认为大地是平直的、静止的，日月星辰绕行于四周。

渐渐的，随着生产力水平的提高，人们的生产、生活经验日益丰富，人们对于大地形状也开始有了新的认识。

随着航海业的发展，人们发现在任何方向上观察地平线，其形状都是弧形的。船只离海岸而去时，岸上的人看到船身最先隐没，尔后是船桅，最后是桅尖隐没；而当船驶近海岸时，岸上人看到的情况正好相反，即先看到桅尖出现，其次是船桅，最后才是船身出现。大地若是平坦的话，应该看到整个船只同时出现或消失。人们从这些现象中，渐渐发现大地并非如人们想像的那样是平直的。

在中国，人们逐渐发现"天圆地方"的说法，对一些现象无法做出圆满解释。例如：从不同的地点观察的北极星应当一样高，而实际上，在地面不同位置，北极星高度是不一样的。随着人类认识能力的进一步提高，认为大地是球形的"浑天说"也应运而生了。制造出浑天仪的东汉科学家张衡，在《浑天仪图注》中是这样解释"浑"天的："浑天如鸡子，天体圆如弹丸，地如鸡中黄，孤居于内，天大而地小，天表里有水，天之包地，犹壳之裹黄，天地各乘气而立，载水而浮。"他把天地比做一个鸡蛋，天是蛋壳，地是蛋黄，而蛋黄正是这个圆球。这种认识无疑肯定了大地是圆形，这可是认识上的一次大飞跃。

在西方，最早并且明确提出大地为球形的，是古希腊毕达哥拉斯学派的弟子们。他们经常在黎明或傍晚时分，登上高山观察曙光和暮色，在观察日出或日没时，发现太阳被地球遮掩的形态；他们还注意到观察月食时，大地投射到月球上影子的形状，等等。从这些现象中，毕达哥拉斯学派的弟子们推测大地一定是球形的。

但在当时，这些正确观念，并没有得到广泛传播，真正令西方人接受地球球形说的，是古希腊著名的哲学家、博物学家亚里士多德。

地球形成的科学假说

地球是怎样诞生的？又是如何演化的？人类一直以当时的文明条件提出了各种猜想，随着人类认识世界能力的提高，这些猜想逐步有了一定的科学依据，于是形成了各种科学假说。

对地球起源进行科学的探讨，应该说是从18世纪中叶开始的。因为那时数学、物理学都有了相当大的发展，许多数学和物理学的基本定律、理论都已相继提出并确立，这些都为建立地球起源的科学假说提供了理论依据。

地球是太阳系的成员之一，地球的起源和太阳系的起源基本上是一个问题。基于当时人们对宇宙天体的观测知识及已有的科学理论，人们提出了各种各样的假说，来说明太阳系或地球的起源。

1775年，德国著名的科学家、科尼斯堡大学的教授康德(1724-1804年)，在他所著的《宇宙发展史概论》一书中，第一个冲破了宇宙是上帝创造的观念，把发展演化的思想引进了天体起源的探讨中，他试图根据牛顿发现的基本定律，同时借助数学和物理学，认识整个宇宙结构。他认为宇宙最初是由云雾状的物质集团组成的，这后来在天文学上被称为星云。太阳、行星、彗星等就是由这种原始星云演变出来的。星云物质不均匀地充斥在现在太阳系所占的空间内，由于引力作用，较大较密的，吸引着较小较稀的，形成一些团块。如此进行下去，在最稠密处形成了巨大中心体——太阳，而小的物质在向太阳和团块聚合时，形成了扁平的漩涡状星云。星云内再次形成的凝聚团块，就变成行星、卫星，它们都在漩涡星云的赤道平面上，朝着同一方向公转或自转。

1796年，法国著名的数学家拉普拉斯（1749-1827年）在他所著的

《宇宙体系论》一书的附录中，提出了行星系统起源的假说。他也认为星云是形成太阳系统的原始物质，与康德假说虽有些不同，但基本观念是一致的，所以，后来把这两个假说合称为康德—拉普拉斯星云假说。

拉普拉斯假定，太阳系开始时，全部物质都以炽热的、缓慢旋转的气体星云形式存在。它的范围比现在太阳系的范围要大得多，星云向外散失热量，逐渐冷却收缩变小；而冷却缩小反过来促进星云旋转加快，同时在赤道平面上的离心力也逐渐加强增大，结果使星云逐渐变成扁平的透镜体形状。当旋转加快到一定速度，处于边沿的物质将被甩到外边，分离出一个个环绕星云的圆环。圆环的物质相互吸引，渐渐集中成行星。这样的过程反复发生，一系列行星就产生了，而地球就是这些行星中的一个。最初形成的行星也以同样的方式形成了卫星。

康德—拉普拉斯的星云假说，很合理地说明了他们在当时所观测到的太阳系全部特征。因此在19世纪得到了社会上广泛承认，100多年间占着统治地位。

此后，为了更为合理的解释太阳系及地球的形成，到了20世纪初，又诞生了许多新的假说。

"星子说"是由地质学家张伯林(1877–1946年)和莫尔顿于1900年提出来的。他们认为：约在五六十亿年前，翱游在星际内的太阳与另一颗恒星相接近，彼此都从双方表面吸出一部分物质，但仍被引力控制着，围绕太阳旋转，它冷却后成为了固体小块，即星子，小块彼此碰撞、凝聚而成为行星和卫星。这种假说又被称为"碰撞说"。

"潮汐说"是由英国科学家席佛勒斯和金斯于1918年前后，由星子说修改而提出的。这个假说也认为有另外一个恒星通过太阳附近，以其强大的引力从太阳表面吸出一部分物质，由于恒星经过太阳时，引力的大小发生变化，使吸出的物质呈雪茄烟状，即两头细，中间粗。恒星离开后，吸出物质的中间浓密部分，经过凝聚、冷却后形成行星。它们沿着被拉长的轨道绕太阳旋转，并从气体变成液体，再冷凝成为固体。当它们以液体状态掠过太阳时，由于太阳的潮汐作用，从它表面撕下一条物质流，这条物质流后来就成了它们的卫星。

"俘获说"的代表人物是苏联人施密特，他于1943年提出：宇宙是星际空间分布的一种由固体尘和气体组成的巨大宇宙云——星云。大约在60-70亿年前，太阳在宇宙间运行，途中，遇到这样的一团星云穿行其间时，由于条件的巧合，"俘获"了其中一部分物质，并迫使这部分物质围绕太阳旋转。后来，这些物质就凝聚成为地球及其他行星。同时，在增长着的行星周围，形成了卫星。

"新星云说"是由德国天文学家魏扎克尔在1944年提出来的，他对康德——拉普拉斯星云说做了一些新解释，他认为星云的气体尘埃仍是太阳星体形成的原始物质，而这个星云团的规模要比拉普拉斯想象的大得多，在这个星团物质中会发生骚动，出现漩涡状态的湍流，其中每个漩涡就有可能凝聚成一个单独的星云系统，而地球和其他各个行星及其卫星，就是在这种漩涡状态下相互碰撞聚合而成的。

种种假说，除星云说以外，其余的都可以归结为灾变说。因为它们都假设太阳发生了一次"突变"，即太阳曾与一恒星相遇。

"灾变说"所遇到的最大问题，一是两个小恒星碰撞或接近的可能性，在浩瀚的宇宙中，是非常非常小的；二是由炽热恒星引出的物质，开始时是高温的气体，这种气体不可能被引力吸引住，它会立刻向太空中发散，也就不可能凝成行星了。这些致命缺点使得灾变说逐渐被人们所抛弃。

"星云说"相对于"灾变说"而称为渐变论，它也还没有达到彻底完善的程度，仍然存在着许多尚未解决的矛盾，但人们逐渐发现其中的许多合理部分，正在进一步加以研究和发展。

迄今关于地球诞生的理论，还都处于假说阶段，还没有最后定论。随着科学的进步，今后可能还会有新的假说问世，还会有争论和否定，但这一切都不妨碍我们最终解开地球起源这个谜。人类的认识能力正是在这种反复否定、肯定、再否定的过程中得以发展提高的。

"地理大发现"

　　资本主义的萌芽是促使西方人走向世界的动力。那时，国王、贵族和领主们已不再满足于躲在中世纪城堡中窥察世界，他们渴望从海外夺取更多的黄金、白银、象牙、香料和奴隶，用来扩大自己的财富。他们的眼光便转向了欧洲以外的广阔世界，尤其是富饶的东方。

　　然而，过去从陆地向东方去的路线，不仅旅途艰险，而且还被土耳其新兴起的奥斯曼帝国所隔断。于是，热衷于向海外发展的西班牙和葡萄牙人企图开辟一条绕过蛮横的奥斯曼帝国的新海上航线。当时比较发达的航海技术为此提供了可能。于是在地理学发展史和资本主义发展史上都具有重要意义的"地理大发现"，由此拉开了序幕。

　　当时，关于地球形状的传统观念仍然被教会所推崇，占着支配地位，但也有不少人摆脱了这种观念的束缚，接受了地圆说的思想，并从这点出发，认为一直向西航行，就一定能到达东方。意大利的探险航海家哥伦布就是这些人中的一员。他深受古代托勒密、埃及托色尼等人的影响，接受大地球是个球体的观念，对地球是圆的深信不疑。还在他23岁时，就曾写信给著名的意大利天文学家斯坎尼利，并根据他提供的世界图，制订了自己的航海计划。然后，他拿着这个计划和他自己经过估算绘制的航海图，周游西欧列国，出入宫廷，希望获得支持。开始时哥伦布到处碰壁，最后，终于得到了西班牙国王和王后的支持。

　　进行这样的航行，需要足够的勇气和毅力。因为，他们是走一条前人从未走过的路。航行中，他们遇到难以想象的困难，在茫茫无边的大海中，许多人丧失了信心，要求回航。哥伦布却信心依旧，决心很大，坚持西行，由于哥伦布对航程的估计错误，没有使他到达该去的东方——印度和中国，却意外地发现了一块欧洲人以前不曾知道的大陆——美洲大陆。

1492年10月12日，他们到达拉丁美洲的巴哈马群岛，哥伦布误以为到达了亚洲海岸以东的印度群岛，将其命名为"印第安"。新大陆就这样被发现了。

哥伦布的发现鼓舞了许多人，他们都争先恐后地加入海上探险者的行列，他们以实际行动，实践着"地圆"的理论。1497-1498年，英国人卡伯特充率领船队到达了北美洲东岸的新英格兰一带；1513年，西班牙探险家巴尔波利亚到达了加勒比海，他登上大陆，越过"巴拿马地峡"，发现在大陆西面还有一片汪洋大海，他称之为"大南海"。当时人们就相信，亚洲一定离美洲不远，大南海的对面就是东方。

第一次完成环球航行的人，是葡萄牙的航海家麦哲伦。麦哲伦醉心于远征活动，曾在印度和东南亚一带生活过8年，对那里的地理有一定的了解，他知道在其东面有一大片汪洋。同时，他研究了哥伦布、巴尔波利亚对大南海的发现。从"地球是圆的"这个观念出发，他认为印尼群岛东面的这片汪洋大海与"大南海"应当是同一个海，这样的联想，促使他制订了新的航海计划。他的这个计划得到了西班牙王室的支持，1519年9月20日，麦哲伦率领着由5条旧船组成的远航队出发了。

麦哲伦船队到达美洲后，为了寻找一条通道，在南美东海岸花了整整一年时间进行探索，战胜了种种困难：凛烈的暴风雪，惊涛骇浪，暗礁激流，饥饿和坏血病，以及因对无望而产生的忧郁情绪和叛逃，终于在南美尖端与火地岛之间找到了一条狭长的海峡（后来被命名为麦哲伦海峡），进入了"大南海"。他们继续向西航行，由于"大南海"上风平浪静，一连三个月没有遇到过暴风雨和巨浪的袭击，麦哲伦就给"大南海"取名为"太平洋"。

不知经过了多少艰难困苦，麦哲伦仍坚定不移地向西航行。终于在1521年4月7日到达了菲律宾。12年前，麦哲伦是从东方的印度和印尼群岛返回到葡萄牙的，现在又从西方绕到东方。"地球是圆球形状"

的学说终于得到了证明。

　　麦哲伦在菲律宾被当地人打死后，远航队在埃里·卡诺的领导下，终于在1522年9月6日回到了西班牙的出发地。麦哲伦作为第一个环球航行的人，在历史上是功不可没的。

　　麦哲伦的环球航行是人类历史上对于地球的"球形说"最伟大的实践。宗教迷信关于地球形状的种种谬论，由于这一伟大实践而被彻底击破了。正如当时法国著名的地理学家斐纳所说："我们时代的航海家，给了我们一个新的地球。"

"地球是个扁球"

当你坐在行驶的汽车上，如果汽车急转弯，你就会感到一种向外倾倒的趋势；地球上每一部分，也由于地球自转，有一种离地轴向外跑的趋势。离地轴越远，这种趋势越大。赤道离地轴的距离最大，所以赤道附近地壳的"外逸"趋势也就相对要大些。天长日久，地球就成了一个赤道半径稍大的扁球了。

17世纪牛顿发现了万有引力定律后，提出地球不是标准圆形，而是个南北两极较短的扁形球体。牛顿提出这一观点是基于地球自转这个事实。

"地球是个扁球体"是牛顿根据理论推断出来的。法国天文学家里希尔证实了这一推断。1672-1673年，里希尔由巴黎出发，去靠近赤道的法属圭亚那进行天文观测。他随身带着一架很精确的摆钟，这摆钟在巴黎一直走得很准，出发前也经过严格的校定。但到了目的地后，摆钟每昼夜慢了2分28秒。对一个天文学家来说，这可是个不小的误差，开始时里希尔以为这是校对摆钟时工作疏忽造成的。于是，他又重新开始校正，将钟摆缩短了，摆钟又走得很准了。

当里希尔结束了考察工作，再次回到巴黎后，在南美校准的摆钟又走快了，而且每昼夜恰好快了2分28秒。这是怎么回事呢？经过深入的研究，里希尔认为：这可能是由于地球不是一个正圆形球体构成的，由于这个原因，地球上各点同一物体受到的重力是不同的。在摆长相同的情况下，钟摆的摆动快慢会因重力值的不同而不同，重力值小，钟就走得慢，位于赤道附近的法属圭亚那的重力值比巴黎的小，摆钟也就走得慢了。也就是说，离地球中心距离，南美的圭亚那要大于巴黎。由此，也就得出了地球赤道半径大于极半径这个结论了。

然而，1713年法国对子午线的测量结果，却与此相反，仿佛表明地球是个两极较长的扁球，并由此引起了"地扁"和"地长"的大争论。为了解决这个争端，法国专门组成了远征队，分别到赤道和北极附近进行测量，最后终于证明1713年的测量有误，地球是个赤道部分稍稍凸出的椭圆形的球。由此，地球是个扁球的观点确立了。

为了确知地球到底有多"扁"，人们又对地球作过多次测量，随着观测手段的提高，测量工具的改进，测量结果越来越精确了。20世纪，人造地球卫星发射成功，使测量精度达到了一个新水平。1971年第15届国际大地测量和物理学联合会，根据人造卫星的观测结果确定，地球赤道半径为6378.140千米，地球极半径为6353.755千米，与地球赤道半径之比为300：299，地球赤道的直径比南北两极间的直径长43千米。

地球表面是崎岖不平的。陆地上最高处高达8848米（珠穆朗玛峰）海底最深处深有1万多米（马里亚纳海沟）。地球表面的真实形状是非常不规则的，为了找到测量的基准面，在测量学上人们假设了一个"大地水准面"，它按现有海面的高程和曲率，向陆地连续延伸，构成一个全球性的假想海面，我们日常所说的海拔高度，就是指大地水准面以上的高度。我们现在对地球所做的测量，都是以这个大地水准面作基准进行的。大地水准面构成的一个标准椭球体，即椭球上，所有的纬圈都是同一大小的椭圆。

然而，人们通过人造卫星进行的测量发现：地球大地水准面并非一个规则的几何扁体，以水面与标准椭球比较，南极凹进了24米，北极凸出了14米，其他部分也存在着差异。但这都是很微小的，当人们从月球或宇宙飞船上用肉眼观看地球时，它仍是个浑圆的球。

地球有多重

地球的质量是多少？自古以来人们就想解开这个谜。古希腊哲学家阿基米德曾说过：给我一个支点，我就能把地球撬起来。

从杠杆原理上来讲，这是对的，但无法做到。真正能"秤"出地球重量的人是英国科学家卡文迪许。

地球上的任何物体都受到重力作用，由于重力使物体产生的加速度称为重力加速度。重力是由于地球对物体的吸引而产生的。吸引力的大小与物体到地心的距离有关，离地心越远，受到吸引力也就越小。现在我们知道，地球是一个赤道略鼓、两极稍扁的椭圆。所以物体在赤道受到的重力比在两极小。而我们测得的重力加速度也会因纬度的不同而不同，赤道上是9.78米／平方秒，纬度越高，重力加速度越大，到了两极就变为9.83米／平方秒了。我们在物理上通用的9.80米／平方秒，则取纬度45°上的重力加速度值。

那么地球本身的质量有多大呢？在牛顿发现万有引力之前，这可是个大难题，由于地球实在是太大了，测量起来十分困难，然而到了1798年，这个难题被英国科学家亨利·卡文迪许解决了。他利用一对吊着的哑铃做实验，测量两个球体间的引力，然后计算出了万有引力常数G为(6.67×10^{-11})·牛·平方米／千克^2。他将这个常数代入万有引力公式（$F = G\dfrac{m_1 m_2}{r^2}$），就得出了地球的质量。他算出的地球质量为$6.6 \times 10^{24}$千克。

现在，经过更精确的测量和计算，得出了地球公认质量为5.98×10^{24}千克。不过，人们仍然要说，卡文迪许是第一个测出地球质量的人。

知道了地球的质量，有人可能还会问：地球到底有多大，它的体积是多少呢？这太容易了！现在我们已经知道地球是个椭圆球体，同样，也比较精确的测出了赤道半径和极半径的大小。那么，将它们代入椭球体积公式，不就得出了它的体积大小吗？粗略地说，地球的体积大约为1.1万亿立方千米。

地球在太阳系中的位置

地球在太阳系中，是距太阳由近至远排起的第三颗行星，正是由于地球所处的位置，使它成为宇宙的一个奇迹。

地球距太阳的距离，给地球带来了很大的好处，从前面讲述的地球及太阳系的诞生情形看，如金星、火星这样的类地行星，与地球是几乎同时期形成，也几乎是由同样的物质组成的，但为什么只有地球上出现了生命呢？根本的原因是地球上有液态水，而其他行星没有。

金星被称为地球的"兄弟行星"。据现在对金星观测所知，它的大小、质量、构成都与地球相似，但它却是个被厚厚大气层笼罩着的、表面温度高达500度的死星。

与地球平稳的气候相比，其差别有若天国与地狱！金星在诞生不久，它的原始大气层中也充满着水分子，此后，却被太阳紫外光线分解，成为了氢和氧，飞散到太空中去了。

到底是什么原因使得这"两兄弟"的命运如此不同呢？科学家认为是因两者距太阳远近不同造成的。地球距太阳14.96×10^8千米，而金星距太阳只有10.82×10^8千米，这使得金星受到太阳的照射要比地球强得多。金星大气中的水蒸汽，还未来得及冷却成雨降落时，就被来自太阳过强的紫外线分解了，比金星更靠近太阳的水星就更不用说了。

比地球更远离太阳的行星，虽也不乏水分，但由于离太阳太远，受到的太阳辐射不够多，表面温度不高，水都以冰的形式存在。比如，木星的卫星木卫二，就被数百公里的冰层覆盖着，在那种情况下，出现生命也是不可能的。

由此可见，地球所处的地位是多么的妙不可言。根据一位日本科学家的计算：地球的位置从现在的地方靠近太阳15%的距离，或远离太阳15%的距离，都会使液态水无法在地球上存在。

地球的自转

我们生活在地球上，每天都可以看到这样一种现象：早晨，火红的太阳从东方升起，渐渐升高，中午升到头顶，然后，又慢慢移向西边的地平线上，最后沉下去，一个白天就这样过去了。接着，晚上星月也是从东方出现，向西运行，直至没入地平线下。这是怎么回事呢？仅凭古人认为地球固定不动，太阳、月亮、星星在围着我们地球转动。这一感觉是因为古人只以地球为参照物才产生的。从太空观察，并非一切天体都环绕地球转动，而是地球自己在旋转，使得我们看到日、月、星辰东升西落。人类曾为这一科学事实的发现，并被公众认同，付出了高昂的代价。

长期以来，地球不动，"天"动的观点一直支配着人们的思想。许多古代的哲学家和思想家还以此为依据，提出了许多关于地球、太阳和宇宙的学说。其中，对世人影响最大的，要算古罗马天文学家托勒密提出的"地球中心论"（"地心说"）了。

地球处于宇宙的中心的说法，很符合《圣经》中上帝创世的说法，于是，这个学说在中世纪就被宗教利用来巩固教会的统治。由于科学技术的不发达和宗教对思想的禁锢，人们长期以来也就承袭、接受了这一观点。直至16世纪，波兰天文学家哥白尼发表了他的光辉巨著《天体运行论》提出太阳中心说后，这才动摇了托勒密学说的权威性。

以后，又有许多科学家陆续提出宇宙中心不是地球、地球是运动着的等等观点，使哥白尼的学说得到发展并逐渐为人们所接受。意大利科学家布鲁诺，不仅证明了地球绕太阳旋转，还进一步指出宇宙是无际的，根本不存在上帝居住的最高的一层天。

1600年2月17日，布鲁诺因"反对上帝"被教会在罗马广场施行了火刑。他为自己所笃信的学说，为真理献出了宝贵的生命。

布鲁诺死后，不断有人重新提出和发展了他的学说。真理的光辉是任何黑暗势力都阻挡不了的。随着科学的进一步发展，开普勒、牛顿等人相继提出行星运行定律及万有引力定律，使得地球运动在物理学和数学上不断地被证明是正确的，并逐渐被人们所接受。现在，"地球是运动的"已成为尽人皆知的事情了。

宇宙的万物总是在不停地运动着，地球的运动从它诞生之日起就在进行着，实际上地球的诞生正是由于气体星云、尘埃，以至小行星的运动、聚集、冲撞形成的。而且，也正由于地球不停地绕地轴自转，才最后形成现在这个扁形球体的形状。地球的自转对地球形状的塑造有着极大的作用。

由于我们在地球上随着地球一起转动，一般觉察不到其自转，那么，除了用科学的手段观测外，在日常生活中，能不能找到地球自转的证据呢？回答是肯定的。举一个最常见的例子：当你要把浴缸或水池中的水放掉，拔去底部塞子后，你会发现水在排水口形成一个漩涡，在北半球，它总是顺时针转动；在南半球，则是逆时针转动，这就是地球自转造成的。假如你能在地球北极上空看地球，就会看到地球是按顺时针方向自转，而在南极上空看，自转方向就是逆时针的了。

地球上一切运动着的物体都受到地球自转的影响，比如，在很高的塔上自由落下的物体，落地时就要向东偏坠地；而要向很深的井里下落物体，物体又总要碰到井的东壁；再者，在发射炮弹时，在北半球，炮弹总会向右偏斜，南半球则向左偏斜。你若是认真观察，还会发现在北半球，河流的右岸总是被冲刷得严重些；单向的火车轨道，也总是右轨比左轨磨得厉害些。在南半球，情况正好与此相反，这些都是由于地球自转造成的。

在科学上证明地球自转的仪器，叫做傅科摆。傅科摆是由法国物理学家傅科设计的。你若有机会到北京天文馆参观的话，刚进门的大厅中央，会看到悬挂了一个重锤，重锤在一个平面内来回摆动。你如果多观察一段时间，会发现摆动平面沿顺时针方向转过一个角度。这个装置就是"傅科摆"。根据物理学原理，摆动平面保持不变，由于地面随地球自转，因此摆动平面转过了一个角度，如果我们观察一天，摆动平面正好转动360度，说明地球正好转动一周。傅科于1851年设计了这样一个摆，摆长67米，摆重27公斤，锤下装细针，细针下设了一个大型沙盘以利观察。他把这个摆吊在巴黎众神殿的圆顶大厦上，成功地进行了摆动试验，证明地球在不停地自转。

　　人们生下来，就习惯于把地球取作参照系，因此，人们平常不易察觉地球的自转，有人可能以为地球转得很慢，其实地球自转的速度是相当快的。在赤道上，物体的速度约每小时1670千米，即每分钟27.84千米，每秒钟465米，比声速还要快得多呢，不然，怎么会有"坐地日行八万里"之说呢！

　　不过，这都是地球自转的平均速度，事实上，地球自转的速度是在不断变化着的。人们发现世界各地的天文台，用于测定时间的石英钟会在秋天走得快些，而在春天则会走得慢些。这一变化的原因就在于地球自转，秋天转得快，而春天转得慢些。地球自转不仅在一年中是不均匀的，在不同的年份中也是不均匀的。现代珊瑚每年有365条日纹，人们却发现五六千万年前的珊瑚化石，每年有400多条日纹，可见当时一天的时间要比现在短得多，说明当时地球自转比现在要快得多。在最近2000年间，地球转速继续变慢，每过100年，一昼夜就要加长千分之一秒。造成这些变化的原因，部分是由于太阳和月球对于地球的潮汐作用造成的。潮水主要的涌流方向和地球的自转方向相反，从而使地球自转的速度日渐减小。

　　地球自转一周的时间是23小时56分钟。不过，我们在地球上，一天却有24小时，这中间差的4分钟是怎么回事呢？原来，我们生活中的一天，也就是昼夜交替一次的时间是用太阳经过子午线所需时间来衡量的。如果地球只有自转，没有公转，那么，由于地球的自转，太阳两次经过同一子午线的时间，就是地球自转一周的时间。事实上，地球在自转的同时，还绕着太阳公转。在地球自转一周后，它已不在原地，已向东移动了一段距离，开始时正对着太阳的子午线，在地球转了一周后，因地球换了位置，不能再次正对太阳，必须要等地球再转过一个角度后，原子午线才能正对太阳。地球自转过这个角度的时间约需4分钟左右，这样，在太阳两次经过同一子午线的时间中，地球自转了一周多一点，这段时间才是真正的一天24小时。由此可以算出，在一年365天中，地球实际上自转了366周。

太阳永远照射着地球，但由于地球不停地自转，总是有一面对着太阳，另一面背着太阳，而地球上的某一点，也会有一半时间被太阳照射时就是白天，背向太阳时就是夜晚了，这样，就有了昼夜更替。同时，也正是由于地球自西向东不停地旋转，使得一天中，世界各地见到太阳的时间有早有晚，住在地球东方的人总比住在西方的人先看到日出，因此各地的时间也就各不相同了。为了计时方便，人们把全世界划分成24个时区，各相邻时区间相差1小时。北京处在东八区，我们日常所用的"北京时"就是东八区的时间了。

习惯上，人们都把日出看作新的一天的开始。于是欧洲人都认为新的一天是从亚洲开始的，可是亚洲人却说新的一天是从美洲天始的，因为美洲又在亚洲的东方。那么，到底"今天"是从哪里开始，"昨天"又是到哪里结束的呢？

为了解决这个问题，1884年召开了一次国际会议，人们划出了一道"今天"与"昨天"的分界线——日界线，又称"国际日期变更线"。这条线从北极开始，经过白令海峡，然后穿过太平洋，一直到南极为止。地图上标明了这条虚构的线。但它不是一条完全的直线，有的地方有些小折弯，为的是避开岛屿，以免给这些岛屿上的居民带来麻烦。地球上年、月、日的交替，都是从这条界上开始。它是地球上每个新昼夜的出发点，同时也是终点。

住在楚科奇岛的堪察加半岛的居民，是全世界最早迎接新昼夜的人，因为他们在日期变更线西边非常近的地方。太平洋彼岸的阿拉斯加离这条线也很近，但是，阿拉斯加的居民却要等一天一夜才能过新年，因为他们住在这条线以东。

为了不致使日期搞乱，当飞机、轮船由西往东越过这条线时，要把同一天计算两次，而从东向西过这条线时，则要把日子跳过一天，一下子过两天。可见，我们若是顺着地球的自转方向，由西向东旅行时，就会多出一天。你看过《80天环游地球》这部小说吗？你知道法国19世纪小说家儒勒·凡尔纳笔下的那次有趣、惊险的环球旅行吗？英国绅士福克与别人打赌，能在80天周游地球一圈（这在当时的交通条件下是十分困难的）。一路上，他遇到了许多麻烦，经历了许多波折，差点误了时间，而最终使他赢得了这场赌注的正是由于他的旅行是在国际日期变更线划定之前进行的，他没有想过要在日期里多加一天，当他回到出发地伦敦时，自以为期限已过，由于仆人的提醒，他才赢了这场赌注。

　　地球的自转和合适的自转速度，可是一条极大的优点。正是由于地球自转引起了昼夜更替的周期又不是太短（土星、木星大约10小时就自转一周），使长在地球上的植物有充足的时间进行光合作用，从而能够很好的生长。同时，也由于这种更替周期不是太长，使地球向阳的一面不致过度炎热，背阳面不致太寒冷，才保证了生物的生存，生命的延续。地球的这种自转，对于地球上的生命而言，也算是一件幸运的事吧！

地球的公转

我国自古相传，有一种应花期而来的风，称为花信风，每月两番，一年共有二十四番，这二十四番花信风轮回转，就有了春、夏、秋、冬四季的更替，然而这一年四季真是花信风带来的吗？如果不是，又是怎样形成的呢？

地球的公转轨道并非一个正圆形，而是个椭圆形。地球公转的方向，也同自转一样，是自西向东运动的。既然地球公转的轨道是椭圆，它就有长轴、短轴之分，长轴约为29900万千米，短轴约为29896万千米。两者相差4万千米，长轴与短轴的交点，叫做椭圆的中心，但太阳并不在椭圆的中心上，而在偏离中心的一个焦点上。因此，在一年里，地球和太阳的距离不是固定不变的，而是有规律地发生变化。地球和太阳的距离最近的点，称为地球的"近日点"，在近日点上，地球距离太阳14700万千米；而在地球和太阳距离最远的"远日点"上，地球距离太阳约为15200万千米，地球与太阳的平均距离为14960万千米。

有人看到这儿可能会说，"我知道四季是怎么形成的了，冬季、夏季是怎么回事了！当地球靠近太阳时，一定很热，就是夏季，远离太阳时，很冷，就是冬天了"。

其实，与你想的恰好相反，在我们大多数人居住的北半球，地球经过近日点时，是在冬天的1月2日；而在远日点时，倒是在夏季的7月3日了。

其实，地球上四季的形成，与地球距太阳的远近并没有什么关系，而是由于地轴的倾斜造成的。

地球在公转轨道面上运动时，地轴并不垂直于轨道面，正对着太阳，而是有一定的倾斜，它是斜着身子绕着太阳跑的。这个倾斜角度为23.5度，这样，太阳直射地球的点就不总在赤道上，而是在南北23.5度之间的区域内来回摆动。

当直射点偏到哪个半球时，哪个半球获得的太阳光和热就多，被太阳照射的时间也长，这就是夏季了。相对地，在另一个半球上由于被太阳斜射着，获得的光和热少，被照射的时间也短，便是冬天。每年的6月22日前后，地球便转到了"夏至"的位置，这时，正好北半球倾向太阳，受到太阳的直射，这就是北半球的夏天了，这时南半球受到的是斜射的阳光，那里便是冰天雪地的冬天了。到了9月23日前后，地球转到了"秋天"的位置，这时地球正对着太阳，阳光直射点在赤道附近，南北两个半球由冬季的寒冷逐渐变得温暖。这时，当地球公转到"冬至"位置时——每年12月22日前后，南半球倾向太阳，受到阳光的直射是夏季，北半球则是冬季了。

所以，处在南半球的澳大利亚、南美洲等地的人们，每年的新年和圣诞节（12月25日）总是在夏天过的，根本不会有"白色的圣诞节"，那里的圣诞老人也不会乘着雪橇去送礼物了，此后，在3月23日前后，地球到了"春分"点，太阳光又直射地球的赤道，北、南半球就分处于春、秋季了。

一年四季的更替，不仅对于农作物生长有着重要作用和影响，而且，也使得我们的生活免于单调，我们可以在春天去野外踏青，看万木吐绿；夏季到海边弄潮，充分享受阳光；到了秋季，则可以登高远眺，欣赏那色彩斑斓的山景；而白雪飘飘的寒冬里，我们会一边堆着雪人，打着雪仗，一边又在等着下一个生机勃勃的春天到来。这样的生活有多丰富！而四季美景，除了地球，我们是在其他任何一个星球上都见不到的。

地球环绕太阳公转一周的行程约94000万千米，需要花费365日5小时48分46秒，这也就是一年。因此，从公转角度来看，地球一天要走257万千米，1小时得走10.7万千米，一秒钟约走30千米，它可比地球的自转快得多了。

地球公转和自转的速度与周期的巧妙配合，使我们避免了发生在

青少年自然科普丛书 qingshaonianzirankepucongshu

地球万象

水星和金星上的情况。水星和金星的自转周期几乎一致，使得星球的一面永远向着太阳，酷热无比，而另一方面永远得不到太阳的照射，奇寒异常。如果地球也这样，地球上的生物就无法生活，甚至根本诞生不了。

细心的少年朋友可能会发现一个问题：现在我们一年就是365日，而地球公转一周余下的这5个小时怎么办呢？好办，人们发现，每年余下的这5个多小时，积上4年就有23小时15分4秒，约等于1日，所以就在每4年之后多加上一日，这一天放在二月里，作为29日，这一年就有366天，便是我们所说的"闰年"。闰年规定放在公元年数能被4整除那些年份里，比如1988年、1992年……不过还有一个问题就是如果设闰年的话，4年只积上23小时15分4秒，而每4年闰一日就多闰了44分56秒，400年后就会多计了3日。因此在400年中应少闰三次，为此人们又作出了规定：对于能被100整除的年份，若只能被4整除，而不能被400整除的仍然不作闰年。像1900年、2100年等，就不算闰年，而1600年、2000年就是闰年。

地球的轨道

地球除了我们前面提到的自转和公转两种主要运动外，还有其他多种运动，只不过这些运动不那么明显而已。但正是这些不明显的运动，使得地球的自转和公转并不像我们想象的那样规则。

地球绕太阳公转时还带着月球一起绕太阳运动。在太阳引力作用下，在椭圆形轨道上运动的乃是一对双星质量中心。地心真正的运动道是一种沿公轨道蛇行向前的"之"字形曲线。

月球不仅影响地球的公转，也影响地球的自转。

由于地球是个椭球体，赤道略鼓，当月球由南北越过赤道时，月球对地球赤道隆起部分的引力便会使地轴像个旋转不好的陀螺那样发生摆动，地轴的这种摆动，称为地球的"进动"。

公元前130年，希腊天文学家伊巴谷就已发现：太阳会于每年春季稍提早完成在天球上绕黄道各星座的周年运动，因此它每年到达春分点时的位置，总比上一年稍向东移。自那以后，这个每年的位移就称为"二分点进动"，也叫"岁差"。

地球的进动十分缓慢，每25800年才会完成一个周期。在这一运行周期中，南北两极在宇宙空间中各勾画出一个圆锥形，由于地轴位置变化，与地轴正对的"北极星"也就随之改变。

现在，被我们称为北极星的，是小熊星座a星，在大约5000年前，离地球正北极最近的恒星，是天龙座a星。再过100年之后，到了2100年左右，地球北极将离开小熊星座a星。到公元14000年，新北极星将是天琴座a星（即织女星）。

如果1200年之后还有海员在大海航行的话，他们一定会庆幸能有岁差运动，因为织女星是天空群星中最明亮的恒星。

另外，由于太阳和月球对地球的位置不断变化，它们引起的地球进动力也在变化。这种变化会使地轴产生好像在微点似的小幅度摆动，这种摆动称为"章动"。章动的周期为18.6年。

除了以上这些运动，作为太阳系的成员，地球还有一些更大范围的运动。一种是太阳带动地球围绕银河系的中心高速旋转运动，周期为25000万年，这一运动表面看来就像是一种奔向天鹅座的直线运动。

银河系穿行于本星系群中，本星系群是银河系与其邻近的2500个星系组成的巨大星云。在这一运动中，太阳系以每秒19千米的速度，大致朝着武仙座方向移动。

最近几年，专家们又发现了另一种运动，这是本星系群相对于宇宙中其他姐妹星云系团的运动。美国亚利桑那州基特山国立天文台的爱德华·K·康克林于1969年发现，在这一运动中，地球以每小时579000千米的速度向猎犬座飞去，地球正向宇宙深处疾驰。

"地球真热心"

　　法国的小说家焦尔·贝尔士于1865年发表了轰动一时的幻想冒险小说《地底之旅》。故事是描述一个德国地质学家通往地心的洞，并从那里钻进地球里进行探险的趣事。他们在地球内部做了一次长达4000千米的旅行，最后随着意大利斯特隆波里火山的喷发，搭乘熔岩回到地面。虽然是荒唐无稽的故事，但由于旅行于无人见过的地球内部，而使故事变得新鲜有趣。

　　在这个小说发表100多年后的现在，科学的进步一日千里。但令人遗憾的是，迄今为止，钻进我们脚下的地球内部，体会一下地球的"体温"，观察一下地球内部的构造，却仍然是一个未能实现的梦！

　　那么，有什么办法使我们能了解一下地球内部的情况呢？让我们来看一看世界上最深的洞的挖掘，并通过这100年后的"地底之旅"来了解一下发着"高烧"的地球吧！

　　那是在遥远的南非共和国，一个来自澳洲的男人乔治·哈里逊在当地发现了形状很奇妙的岩石。他把这种奇形怪状的岩石敲碎一部分带回了家，令人兴奋的是他在岩石碎片中发现了小小的金粒！事情传开后，许多人从世界各地聚集到这里，寻找黄金矿。这就是挖掘世界上最深的洞的开端！

　　最初挖的是露天地表的黄金矿，不久，人们知道了矿脉伸到地底深处，于是就顺着矿脉向下开凿，为了采金，世界上最深的洞就一直朝着地球的内部挖下去！

　　少年朋友们不禁要问，难道在这里挖洞，不会出现岩石的崩落或塌方？请放心，南非这块地方的地壳，是我们地球上最古老的地壳之一，在这里不但没有火山，也没有地震，粗壮而稳定的岩体，支撑了整个金矿区，使得幸运的采金者们能一直把世界最深的洞挖下去。

如今，拥有"世界最深的洞"的是一家英美大公司，他们专门在南非开采金矿和钻石，他们的采金作业已经完全现代化了。

"第一竖井"便是通往地球最深洞的入口，从这里乘电梯，垂直地往下而去，在地表与洞底之间，遍布了状若网眼的好几层坑道，坑道很宽，就像一个巨大无比的蚁穴。

电梯以每小时40千米的速度垂直下降，到了一定的深度，就得改搭另一个电梯，每下降1000多米就改乘一次，两梯口之间的搬运车匆忙地奔驰在迷宫似的坑道中。

当降到3000米左右的时候，仰头看那巨大的岩顶，令人产生莫大的压力。从搬运车上来回步行一会儿，迎面看到一块大牌子，傲然挂在坑道上方，写着：

"The Deepest Point In The World"（世界最深的地方）。

除了刚才我们说的能垂直升降几千米的现代化电梯外，洞中还装备了一整套现代化送风冷却系统，一刻也不停地往洞中输送冷风，否则，这里的温度让人支撑不了十分钟。站在不停地有冷风输送的洞里，还会有一种暖气逼人的感觉。似乎在岩石的那一边，有一个巨大的热源向人们送来热气，令人生畏！在横着向外两米远的洞中，测得了岩石表面温度是52.3℃，而当时地表岩石的平均温度是15℃。

这个地球上目前最深的洞，跟地球半径6400千米相比，是微不足道的。由此可见，地球内中的探测有多么难！但是，令我们惊异的是，从地表到洞底，温度上升了近40℃，这表明，钻得越深，温度也就越高。

根据现代地球科学家的推断，地下400千米处的温度是1500℃，到了地核的部位，就变成了4000℃-6000℃的高温，地球真是一个蕴含了莫大热量的火之星！

那么，地球的温度又是怎么与地球内部的构造相关联的呢？让我们看一看科学家的解释吧，地球的生长进化是构成内部构造的关键。

46亿年前，在刚刚诞生的太阳系中，产生了有小行星之称的无数天体，它们不断反复激烈地碰撞，不久，从中诞生了原始地球。

那时候的地球是一个接近均质的高温球体，体内各种物质混杂在一起，并没有明显的分层现象。但随着地球的进化，地球内部进行着一系列的分化，这种分化与地球本身的温度和重力有密切的关系。

高温的地球具有很大的可塑性，在地球重力的作用下，地球外部的较重成分就缓慢下沉；同时地球内部较轻的物质也缓缓上升。重的物质具有高密度、低熔点的特点。它们慢慢穿过物质流向地球内部深处，直至地心。轻的物质是具有低密度、高熔点的物质，它们慢慢地浮到了上部。于是地球就分化出地核与地幔。在组成地幔的硅酸物质中，也有较轻和较重的差别，较轻的分化为地壳，也就是现在的地球表面的花岗岩和玄武岩；较重的就是橄榄岩，它是地幔的主要成分。看来，地球内部圈层的分化、轻重的上浮下沉，如果不是地球一度曾经熔化过，是根本无法进行的。

科学家用地表震波进行探测，他们根据地震波在地下不同深度处传播速度的差异推断出地球内部构造有些类似于煮熟的鸡蛋。

地壳下部，地震波的传播速度发生突变，说明那里存在着一个界面。这是南斯拉夫的地震学家莫霍洛维奇首先发现的，所以，这个界面被称为莫霍面。

莫霍面以上的部分叫做地壳，它是地球外部最薄的一层固体岩石层，犹如鸡蛋壳或荔枝皮，厚度大约在8千米至70千米之间，平均厚度是35千米。地壳在海底要薄一些，在陆地上要厚一些（最厚处在我国青藏高原，约65千米以上）。莫霍面以下的"鸡蛋黄"即地核。这是地球的中心部位，半径大约在3500千米。根据地震波在地核内发生突变的情况，断定地核的外部是液体状态，而它的中心则可能是固态的。

在地球的深部，蕴藏着大量惊人的热能！地球是在灼热的火球状态下进化的，在漫长的岁月中它一边放出那些热，一边慢慢地变冷，并在它的表面造出了固体岩石的地壳。

水从哪里来

地球上的水是从哪里来的呢?

地球形成之初本身内部是非常灼热的,使得气体分子在地球的"体内"高速运动,并不断寻找空隙向地球体外逃逸,而由于地球的质量重力作用,又使得逃出的气体与地球保持一定的距离,不能逃得太远。

这样,围在地球周围的气体就形成了一个圈层,叫做原始大气圈。由于地球与太阳的奇妙距离,大气中的水汽,在一定的条件下冷凝形成液态水,落到地壳的表层形成了原始的水圈,这些水逐渐地积累于地表的坑洼处,形成了最初的原始海洋。

在原始的地球生长分异的过程中,地球内部的岩石中含有大量结晶水。根据现代火山喷发时的观测,发现火山喷出的物质中,水汽占了75%。所以从根本上说,目前海洋里的水最初是来自于地球内部。

原始海洋中的海水是不多的,估计大约只占现在海水的1/10,其余的都是以后地球内部不断排出的水汽,水汽又不断地冷凝成水,水在海中渐渐积累起来了。

在这个过程中地球的"体温"也不断地降低。直至现在,我们在卫星上看到的地球,是一个水面占了7/10的蔚蓝色的水球。地球成为现今的样子经历了一个多么漫长的成长过程啊!

水圈的出现,对于地球上的生命来说是极为重要的。因为水是生命过程的重要介质。大气中的有机物随降水进入海洋,地壳上的有机物和无机盐随着地面的河流流进海洋,它们在海水中的有机物发展成多分子有机物,并且初步变成能不断自我更新、自我再生的物质,这就完成了从无生命到有生命的一次飞跃。

大约35亿年前，原始的生命就是在水中形成的，也是在水中发展的。在无机物转化为有机物的过程中，太阳的紫外线曾起过有益的作用。

但是，当原始生命形成之后，紫外线对生命又起着严重的伤害作用，而水对原始生命则起着隔挡紫外线的保护作用。这使得水中的绿色生命比陆地上的绿色生命出现的时间早几十亿年！当地上还是一片焦黄的时候，海水中已生机盎然了！

轰轰烈烈的造山运动

在地球造就海洋的过程中，始终伴随着频繁的火山爆发和地壳运动。

早在46亿年前，地球内部的热量就已通过地球表面向外喷发了。直到现在，世界上还有许多地方让我们想起往日的地球喷热的情景。冰岛——就是这样一个冰与火相争的巨大火山岛。

自从1亿6千万年前到现在，这个名为"冰岛"的火山岛就一直不停地喷火。它是由于喷出庞大数量的熔岩而成长起来的奇异之岛；它把地球内部的热量频频放出，使地球"退烧"。事实证明，焦耳·贝尔士当年选为地底探险出发点的这个岛，握有解开进化之谜的钥匙。

这个世界上最大的熔岩高原的诞生地，到处都可看到喷火的痕迹：熔岩覆盖了全岛的3/4。它是近代火山活动中，唯一以灼热的岩浆沿着地壳上宽大的裂隙涌出地表的形式喷发的火山。这种喷发，科学家称它为裂隙式喷发。全岛一共有100多座火山，其中活火山27座。

在人类历史上，喷出量最大的火山——拉卡基加尔，在1783年喷发，整个喷发过程持续了8个月之久，"高烧"的地球把大约面积为2140平方公里，厚度有三层楼高的熔岩流倾泻到地表，把大地掩埋殆尽！同时，由于大量的火山灰和火山瓦斯，吞没了岛上的牧草和农田，使饥饿和死亡笼罩着大地。火山灰弥漫了天空，妨碍了太阳的热辐射，使地表温度下降。

这个岛给人们留下像麻脸一样的地形。这是当时岩浆激烈爆炸所留下的痕迹。这些地形让人想到地球岩浆之海刚刚变冷时的景象，就好像是刚刚煮熟了的稠粥在锅里剥剥冒泡的样子。

火山在喷发时还会形成新的山脉。由火山喷发构成的山脉大部分呈链状，分布在环太平洋带上。美国的加利福利亚州北部、俄勒冈州和华盛顿州等地的喀斯特山脉，就是这样的山链之一。阿拉斯加阿留申山脉是另外一个火山链。南美的安第斯山脉的主要部分和印尼的爪哇岛也是由火山组成的。

其他星球又如何呢？例如月球上虽然有"宁静海"、"雨海"等名称，但这些海里没有水，它们是伽利略等天文学家，看到月面上的黑色平坦部分，误认为是海洋而加以命名的。我们如果站在月球上最大的"海"——东方海的正中央向四周眺望，只见周围被延绵不断的山脉所包围，以"海"的最低处为基准测量，山脉的高度也就是4000多米。

其实，这些以"海"而命名的环形山是以前小行星撞击月面时留下的痕迹。月球上有无数个这种类似火山的环形山，最大的直径超过9000千米。

水星上的情况和月球一样，表面覆盖着无数的环形山，也都是由小行星撞击而成的。就连直径1300千米大的卡罗里斯盆地，它周围的环形山也不过2000米高。这些山脉的中间，分布着长达500千米的裂痕般的断崖，断崖的落差约为3000米，深深地切入到环形山中。科学家推测，这是水星在冷却时因收缩而形成的，距今已有数亿年之久。

在地球的外侧旋转的最近行星——火星，所显现的地形我们非常熟悉，它拥有"火山"、"河床"、"沙漠"……还有巨大的火山口。

火星上分布有许多巨大的火山，直径超过100千米的就有十多个，最大的火山名叫欧林波斯山。如果以火星上的沙漠为基准测量，它的高度可达24千米！面积约8万平方千米！这也是太阳系中发现的最大的火山了。

如果你仔细观察欧林波斯山，会看见它的山顶上有显示火山活动痕迹的巨大火山口，直径可达64千米，火山口的四周被高2000-3000米的倾斜绝壁所包围。火星上会出现如此巨大的火山，可能是因为火星表面没有板块运动的缘故。在长达数亿年的时间里，火山反复地爆发，使喷出的岩浆不断地堆积，并向周围扩大，火山的面积便无休止地扩展开来。

　　由此看来，地球陆地借助板块移动、撞击而形成的山脉，是地球所拥有的特征，而月球和水星则在数亿年或数十亿年前已完全冷却。因此星球自身的活动早已停止，星球表面只有被动地接受其他小行星撞击形成的低矮环形山。

　　根据目前所知，太阳系的行星中，已确认会出现板块运动的，仅有地球而已。

地球的表情

地球有着最为丰富的表情。海的涌动和风雪雨霜便是她永恒的风采。比如说，世界各地的海岸线在不断变化着——向外推展或向里压缩。北美洲的尼亚加拉大瀑布的两岸每年都要退缩约一米。红海北端吉布提的亚萨尔地堑，也在10年间扩大了两米，谷底下沉80厘米。某些"永不变化"的山岳正在日渐缩小，而另一些山岳却在继续增高。这一切，都是因为地球的心是那样的热烈。

若把漫长的地质时间缩短几个数量级，地球就会在我们面前展现出各种容貌：它一会儿"咧嘴大笑"——造出东非大裂谷那样壮观的大地堑；它一会儿"皱起眉头"——造出喜马拉雅山和阿尔卑斯山那样的举世高峰；它一会儿像龙王那样口吐大水——黄果树瀑布便飞流而下；它一会儿又像雷公那样喷出大火——夏威夷火山就发起雷霆大火。

风是地球的扇子，扇起了高处的沙石，填满了低陷的坑洼；雨为地球洗脸，从山上带走岩沙，流到平原与河口，沉积成一个个富含养料的扇形洲；地球淡妆用的雪花膏虽然冷若冰霜，但它给大地的皮肤以滋润，并带来清新的空气、美丽的容颜——千奇百态的冰雪地貌……

地球表情的变化，一方面受板块构造运动的影响，另一方面受风化的侵蚀作用的影响。这两种影响在地球存在的那天就开始抗衡，直到现在也没有分出胜负。但地球的面貌，却在它抗衡的每一回合中，变换着它的模样。

风化的侵蚀作用造成岩石损坏崩解，成为沙石。河流携带着沙石，一路宣泄着冲向大海，一点一点地吞蚀着河床和沿岸河壁，使河谷从山上到山下呈V型和U型。同时在流速缓慢的地方留下江心沙洲和河口三角洲。

冰川运动对地貌也有重大影响。它是多年积雪受到压迫而又重新冻结而成的冰河，在冻结成冰的同时，它也把一些大石块冻于其中，这些石块就像锉齿一样，把走过的道路凿平磨光。

两个冰期之间的时段，温度上升，气候回暖，被科学家称做间冰期，大陆上的冰雪融化，冰水注入大海，使海平面上升。现在我们所处的时期就是气候温暖的间冰期，现在地球上还有大约1550万平方千米的面积被冰雪覆盖着，科学家们称它为"现代冰川"。它集中了全球淡水资源的85%，如果这些冰全部融化了，那么露出海面的地貌又要沉入海底了。

除了河流和冰川的作用之外，太阳、风以及生物的作用也是不可低估的。风把太阳晒裂的沙石带到周围形成戈壁和沙漠，同时还雕琢出各种奇形怪状的石柱、石拱桥的上大下小的石蘑菇。风把尘沙刮得更远，形成了厚厚的黄土层，黄土在流水和构造运动的作用下，又形成了沟、黄土梁、黄土塬、黄土峁等各种地貌。

另外，风化侵蚀作用在地下还悄悄进行着，水通过土壤和沙粒，再透过多孔的岩石及其缝隙，可向下渗入地壳几千甚至上万米！通过这种地表活动，造出了奇峰林立的桂林山水，同时造出了石花竞放的石钟乳溶洞。这就是喀斯特地貌。

地球就是这样时而缓慢时而激烈地改变着自己的容貌和表情，使这个世界变得如此奇妙和生动……

大气是地球的面纱

地球外部有层"白面纱"，如果没有这层面纱，地球上的海洋就无法形成，即使形成了也不会有那波涛汹涌的海水；如果没有这层面纱，就不能阻隔来自太阳的强烈辐射，生命也就不能出现，即使出现了，也不能长时间在紫外线下存活；如果没有这层面纱，天外千万颗小行星就会把地球砸成像月亮那样，成了布满了千疮百孔的环形山。可见这层面纱对于地球是多么重要！

我们知道，原始大气几乎是与地球同时诞生的，它就像一块襁褓似的保护着这颗炽热之星。在这块襁褓的包裹下，地球才得以正常地活动、散热，形成海洋，造就大地，孕育生命！

远古时期的大气跟现在不大一样。几十亿年前，原始的大气包含的成分绝大部分是氢，还有少量的氦、甲烷和惰性气体（氩、氖、氙）以及一些尘埃，根本不适合生物的生存。那时候的地球，只有岩浆运动、火山爆发，而没有一点生命的信息。

那么，原始的大气又是怎样演变的呢，这个过程非常复杂。

在地球上原始大气形成的时候，太阳对地球的辐射在逐渐地增强，使得地球表面温度升高。于是，处于地球表面的原始大气遇热后，热运动增大，氢、氦等比较轻的气体就挣脱地球引力的束缚，逃逸出大气层，进入了太空，并放出热量。

地球的核心在高压下密度变大，体积变小，地壳也因此失去了支撑而收缩，造成了地壳的大调整。原来被禁锢在地层的岩石内部的气体顺着地壳的缝隙大量挤出外壳，补充了大气。一些原来在低温条件下呈固态的物质变成液态和气态，从地中喷射出来，其中的水分在大气中形成雨降下来，于是地球上就出现了海洋和湖泊。

原来被禁锢在岩石中的气体，有好些是原始太阳星云中的气体，比如氢、氦等。这些较轻的气体仍然不断逃出大气层。这时生成的大气叫次生大气，次生大气中有二氧化碳、氮、甲烷、水汽、氨和少量的惰性气体，但是没有氧气。

　　次生大气中的甲烷在太阳发出的紫外线的作用下，初步形成比较复杂的碳水化合物，这就是发展生命的重要一环。

　　在绿色植物出现以前，大气中没有臭氧层。太阳紫外线能将水分解成氢和氧，氢脱离氧分解出来后，很快就逃出大气层，而氧则留在了大气中。

　　大概在距今20亿年前，地球上出现了水生生物。生命的发展促成了绿色植物的生长。它们进行光合作用，吃进了二氧化碳，吐出了大量的氧气，改造了大气的成分，到了距今4千亿年前，大气中的氧气量已和现代大气几乎相同，而且已充分地遮住了紫外线。这为植物向陆地进发创造了有利条件。

　　水的光解作用和植物的光合作用，尤其是绿色的植物"登陆"之后进行光合作用，为动物的发展创造了条件。当动物出现之后，大量动物的呼吸，又增多了大气中的二氧化碳。

　　动植物大量生成，它们的排泄物和腐化遗体中的蛋白质，一部分直接分解成氮，另一部分分解成铵盐，这些氮和铵盐通过硝化细菌等作用，也变成了气体氮，进一步充实了大气。氮是一种惰性气体，在正常的气温下不容易与其他元素化合，所以能逐渐积集起来，成为大气中含量最多的成分。

　　次生大气就这样渐渐转化成现代大气了。

　　目前大气中的主要成分是：氮占78%，氧占21%，剩下的大约1%是由氢、二氧化碳和少量的水汽、微尘组成。

　　大气圈的范围从地球的海陆表面一直到行星际空间，它的上界究竟有多高，谁也说不清，因为它没有一个明显的界线，即使到了几千米的高空，也不是真空。但是，大气总质量的90%都集中在离地面15—80千米的底层。大气的性质是不均一的，特别是垂直方向上的变化更明显。如果按照大气的温度随高低的变化，从下往上可把大气圈分为对流层、平流层、中间层、暖层和逸散层。

最低的一层——对流层的厚度从两极地区的8千米，逐渐变化到赤道地区的18千米。对流层的空气重，空气的分子密集。虽然它的厚度仅仅是整个大气圈的一个小部分，但它却占了整个大气重量的80%，并且容纳了全部的水汽。

大气的运动决定着整个世界的天气和各种天气类型。所以说，大气能够生云造雨，兴风作浪，都是对流层的功劳。对流层的温度是随着高度的增加而下降的，它的热量来自被太阳晒热的地球表面，离地表越远，接收到的热量就越小，大气的温度就下降。到达对流层的顶部，温度降到-53℃至-83℃。

从对流层顶18千米（两极地区为8千米）至55千米左右的大气层叫做平流层，平流层中空气上下对流很弱，基本上是水平运动。平流层下部有一个对地球上生命极为重要的保护层——臭氧层。由于太阳幅射的紫外线在这里得到吸收，所以平流层中的温度由下往上是逐步升高的。平流层顶可升到0℃左右。

从55千米以上一直到1000千米左右，分布有中间层、暖层和散逸层顶部，气温先是随高度增加而下降，到了离地面80-90千米处气温又有所上升。越往高处，空气越稀薄，而且异常寒冷。科学家对于地球大气的这一部分了解太少了，以致有些科学家干脆自嘲地称之为"未知层"。

那么，人类又是怎么来了解大气奥秘的呢？科学家们从1957年起就有组织地对高空和宇宙进行测量，运用高空大气探测仪、火箭、宇宙飞船和高空飞机等搜集天文、地球物理和气象各方面的资料，发现太阳大气和宇宙大气对于地球的大气有重要的影响。一个太阳耀斑突然喷射出高出太阳表面80000多千米的巨大火舌，然后又同样突然地平息下来，几乎就在同一瞬间，地球被阳光照射的那一半球上，所有的无线电短波通信都中断了。高能粒子流冲击地球大气，其中电离粒子到达大气层后，造成磁暴和极光。

◎ 大陆漂移 ◎

　　请打开世界地图看看，如果你用剪刀小心地沿着各大陆的边缘将大陆剪下来，就会发现：它们能拼成一个整体。

　　你就从这儿开始揭开大陆漂移的秘密吧……

魏格纳的发现

1910年的某一天，德国年轻的气象学家魏格纳（1880–1930年）的视线集中到一幅世界地图上，脑子里反复思考着一连串与地图有关的问题：

为什么大西洋两岸的大陆岸线弯弯曲曲的形态正好吻合？——非洲几内亚湾刚好填补上巴西东北角亚马孙河河口的那块突出的大陆；而沿北美东海岸到特立尼达和多巴哥的凹入弧形地带刚好填补上欧洲西海岸到非洲西海岸的凸出弧形大陆？

早在1620年，英国哲学家法兰西斯·培根在他的《新工具》一书中已经注意到大西洋两岸地理形态的相似性问题。后来，别康作过尝试性的解释：恐怕是大断裂所致，但魏格纳感到，断裂应该是比较挺直的走向，如此大的弧曲拐弯有这可能吗？

1858年，美国地质学家斯奈德在其《地球及其奥秘》一书中也谈到这个问题，不过他的认识比前人进了一步，除地理形态外，他将欧洲与北美的石炭纪煤系及其所含的植物化石的相似性作了对比，断言大西洋两岸曾是联合在一起的，后来分裂而漂移开来。这恐怕是提出大陆漂移设想的第一人，而且有地质论据。

到20世纪初期，泰勒和贝克也同时提出大陆漂移的看法，他们补充了大西洋两岸山脉起源的相似性问题，并作了论证。

此时，魏格纳总认为这个问题十分重要，并意识到解决这个问题必须完全跳出自己熟悉的气象学范畴而深入到陌生的地质学、古生物学各领域中去寻找论证。

第二年，即1911年秋天，魏格纳在翻阅一本地质学著作时，发现一位地质学家提到一种被称为中龙的化石，这是一种在淡水中生长、长约30厘米的小型早期爬行动物，曾在巴西晚石炭世和南非早二叠世湖泊中形成的沉积岩地层中找到过，它们的身体结构几乎没有什么差别，确认为同属同种的动物。

魏格纳由此得到启发，这与1858年斯奈德提过的北美与欧洲石炭纪的植物化石的相似性问题，真是如出一辙。

如今两边相望的大陆被大西洋的汹涌波涛阻隔着，植物和中龙都是无法横渡的，唯一的解释是，两亿年前大西洋并不存在，两岸的大陆是相连在一起的。只是后来大陆出现分裂，然后漂移，才能造成现今的海陆位置……魏格纳沉思在大陆漂移的猜想之中。目标已定，继续求证，他更加兴奋了。

漂移的大陆

　　魏格纳又经过一年的地球物理资料搜集工作，大陆漂移的设想逐渐明朗化，1912年，发表了《根据地球物理学论地质轮廓（大陆及海洋）的生成》的论文。到1915年，终于完成《海陆的起源》这本轰动地质界的名著。

　　在这本书中，他阐述了全球各大陆在中生代以前是一块完整的大陆，称之为联合古陆或泛大陆。当时的大洋也只有一个，并围绕在联合古陆的周围，称之为泛大洋。自中生代开始，联合大陆出现分裂，并开始漂移，于是形成目前见到的亚洲、欧洲、北美洲、南美洲、澳大利亚以及南极洲等。到新生代，各个大陆终于漂移到现在所处的位置上，基本上稳定了现在的轮廓形态。随着各大陆的分裂和漂移，裂隙逐渐加大，终于形成大西洋、印度洋这两个新生的海洋，原先的泛大洋也分成太平洋和北冰洋。至此，现代的海陆面貌终于在新生代后期奠定。

　　很久以前，人们对于地球上海陆位置的变化和发展，就有着两种截然相反的看法。一种观点认为，世界万物都是神创造的，地球上的海陆分布自古以来就是如此，它们是固定不变的。另一种观点认为世界上一切事物都在活动着、变化着，地球上的海陆分布也在不断地发展变化。

　　15世纪生于意大利文艺复兴时代的天才达尔西，就是持有第二种观点的人。他对大自然具有非常敏锐的观察力，并且努力搜集各种自然现象变化发展的资料，绘成草图。有一天，他在山里发现了一块贝类化石，这激起了他浓厚的兴趣，为什么水生贝类会跑到高山上来呢？于是达尔西开始探访山岳地带，并且发现了更多的贝类化石和其他海洋生物的化石。当时多数人认为神创造了一切，这些贝壳是"诺亚方舟"时代，由诺亚的洪水冲至山上的。而达尔西坚决反对这种观念，他认为出现化石的地方，过去曾经是海洋。为证明他的观点，他踏遍了山山水水找到了大量证据，但他没有解释出是什么力量使海洋变成高山，只给我们留下许多笔记和草图。

根据魏格纳的理论，美洲大陆脱离了欧洲与非洲，并且在向西运动中，放弃了原来泛古陆的母体，结果，在这两块相互分离的大陆中间，逐渐出现了一个有玄武岩基底的大西洋。也就是说，大西洋盆地处于在原始古陆裂开的位置上。美洲陆块在向前漂移的过程中，由于受到玄武岩基底的阻力，于是美洲大陆先前没被挤压成褶皱，产生了安第斯山脉（科迪勒拉山脉）。至于大西洋的海底山脉，则可看作是陆地漂移时遗落的残余。

此外，"大陆漂移理论"还认为，印度次大陆脱离了南极洲向北漂移，而且与亚洲相撞，撞出世界最高的喜马拉雅山脉。而从东面围绕着大陆的岛弧（阿留申群岛、千岛群岛、日本、菲律宾群岛等等）则是亚欧大陆向西运行时脱离大陆而遗留下来的残块。为了证明自己的论点，从1912年至1930年，魏格纳一直考察格陵兰冰盖，进行经度和纬度测量，收集各种数据。他对各大陆作地质学和古生物学的比较——在隔着大西洋的两块大陆上，分别发现了不能渡海的同类动、植物的化石；而且在两块大陆的现代生物（像猿猴、蜗牛、蚯蚓、羊齿类植物等等）的某些种类都出现了非常相似的演化过程。他也发现非洲南端与南美洲南端的山脉不仅褶皱相连，构造相同，甚至同年龄的地层成分都很一致！他还寻找了许多古气候的遗迹来证明其假说。

魏格纳的大胆假说，解答了非洲与南美洲之间大西洋两岸轮廓的吻合、大地构造的古生物群相似性以及南半球各大陆古生代后期的大冰期等问题。可是，他的理论也存在着不少弱点，比如，大陆移动的力量只归结于离心力和潮汐力，似乎不能使人信服。还有科迪勒拉山脉与安第斯山脉的形成、大西洋底山脉的性质、深源地震等等问题，用魏格纳的解释似乎有所欠缺。因此，在当时的地质科学家中，多数人都不接受魏纳格的观点。为了更好地阐明自己的理论，他于1930年赴格陵兰考察，不幸冻死于冰雪中。不久，第二次世界大战爆发，没有人对"大陆漂移说"进行研究，这一理论逐渐被人遗忘了。

随着第二次世界大战后科学技术的进一步发展，魏格纳的假说终于又引起了人们的注意，"大陆漂移说"复活了。

当时英国发明的、高灵敏度的磁力仪，可以测量出存在于岩石中的磁性。当火成岩固化的时候，岩浆中微小的铁粒子会按照当时地磁场的方向磁化。用这种仪器来测量英国古代岩石中铁粒子的磁化序列，会发现它们的指向与现代磁极指向偏离了30°。多数的科学家认为，之所以形成这样一个偏角，是因为大不列颠群岛本身转移了这样一个角度。

更令人惊异的是：美国海军的观测船将磁力计系在绳缆上放入海中，用以测量海底的各部位的磁力强度，尔后将由此提供出的大量数据画在海底地形图上，令人吃惊的海底地形便逐渐呈现了出来：即地球上的一个有支配性的地形特点，是在大部分海洋底下蜿蜒着一条长达75600千米的连串的山脊和山峰，就好像棒球表面的那条连续不断的皱缝一样！

这条山脊在大西洋中特别突出，山脊两旁犬牙交错，险峻陡峭。山顶上有纵长的断裂，它的位置恰好在以南北美洲为一边，而以欧洲非洲为另一边的等距离之处。它促使科学家们再次推测各大陆之间的关系，并发现一个令人惊异的事实：大洋中脊顶上的断裂，在许多地方放射出大量的热，而且从计算机绘制的"海底年代图"中可以看出：越接近大洋中脊的海底岩层，这里的地质年代越新；距离中脊越远，岩石年代越老，并且洋底岩石的年龄都在2亿年之内。

美国的地质学家R·S·迪茨和H·H·赫斯，在20世纪60年代初提出了"海底扩张说"，他们根据多方面的论据提出：地球的深部物质在大洋中脊处涌升，并形成新的大泵岩石圈，它们从中脊裂缝处向外作对称的运动或扩攻，直到到达海沟处，才又再度沉入地球深处。这样，经过计算测得大西洋海底扩攻的速度是每年约2厘米，南太平洋海底扩攻速度是每年约6-8厘米。

看来，两亿年前，南美洲与非洲可以完全接合，北美东部与北非连接，印度位于南极洲之间，澳洲在南极洲的北部，所有陆地全部能连在一起，成为一块巨大的大陆，这不正是1912年魏格纳所说的泛古大陆的形态吗？

地球磁场为什么倒转

进入20世纪50年代以后，第二次世界大战期间人们对海军活动时观察到的许多海洋地质及地球物理现象开始进行深入研究，并引起极大兴趣。许多新的发现又重新拨燃了大陆漂移假说的火种，而且火焰越来越高。

在这许多新发现的事物中，首先是古地磁的研究结果。什么是古地磁？不妨先从火山喷发物谈起。当火山物质喷发到地面以后，逐渐冷却，其中所含的铁矿物就会结晶出来，当温度下降到一定限度时，就开始获得磁性，这个极限的温度称为居里点，例如磁铁矿的居里点是6000℃，因此，这个磁铁矿就能在居里点时取得磁性方向，这个方向，我们可以用仪器测出南北极，称为天然剩磁。利用天然剩磁可以测量火山喷发时的两极位置及其当时所处的纬度位置。

后来发现深积岩中含有碎屑磁性矿物，而这些碎屑物就像许多小磁棒，也具有磁场的定向作用。这样，无论是火成岩，还是沉积岩都可以测得天然剩磁。

关于天然剩磁的发现，最早是在1909年法国地球物理学家伯纳德·布伦尼斯测量法国中央地块的火山岩时获得的，当时又知道古代火山喷发时的磁场与现在的磁场不一样，并有倒转现象。过了20年以后，日本科学家松山在研究日本火山岩时，也观察到同样的磁性倒转现象。这种反常现象是怎样产生的？解释有两种：一是地球磁极的位置在地质历史上曾经改变过；二是取样地点的位置曾经发生改变——漂移。前者称为磁极游移说，后者称为大陆漂移说，孰是孰非，当时未作定论。

到20世纪50年代，人们感到要解决这个问题，必须对地磁场成因的理论进行研究。英国剑桥大学的布拉德和美国普林斯顿大学的瓦特·艾萨塞尔各自独立地提出发电机理论来回答地磁场成因问题。发电机理论或者称为地磁场的电磁流体力学理论——电流通过导线就产生磁场。由此艾萨塞尔得出结论说：地球的两个磁极应当经常接近地球的转轴（或地理极）。地极的游移不可能离开地理极的位置太远。而地理极的位置，从地球形成以后基本上就没有太大的变动。所以，现在出现的地磁的倒转问题，只能用大陆漂移来解释了。他们两人，重新又奏响了大陆漂移假说的第一声。

1953年春天，英国青年科学家凯斯·朗卡在美国加利福尼亚大学做博士后研究工作时，坚持"红层"的地磁研究，结果表明：岩石的剩磁与地球的磁场并不一致。换句话说，地质历史时期的南北极的位置与现在的两极位置并不符合，常发生倒转。因此，凯斯·卡朗就把岩石的天然剩磁（磁极倒转）问题与大陆漂移问题联系在一起考虑。而当时，由于大陆漂移假说尚处于销声匿迹阶段，一般地质学家都认为他做的是一件吃力不讨好的工作。

1954年，美籍华裔地质学家许靖华在壳牌石油公司做研究工作时，为了解决石油钻探时要恢复岩心的原来位置，不得不求助于岩石的天然剩磁，在测量过程中，从几千块标本中也发现磁极倒转现象。这样，使他原来对大陆漂移说持怀疑的态度也发生动摇，开始向大陆漂移的观点靠拢。此时，朗卡正奔波于大西洋两岸，宣传他的大陆漂移观点，他已经获得更多的资料，证明两亿年来大西洋两岸的大陆已反向漂移很远，相距达数千公里了。

大陆漂移

海底的山脉和热流

科学上的论证必须全面，仅仅凭古地磁的新资料还不足以说明大陆漂移假说的正确性，现在，再来看看海底扩张的假说又是如何帮助大陆漂移说的重建。

海底扩张说，也就是地壳形成以后，在原始海陆的基础上所出现的新海洋诞生的新概念，最先发现者是合雷·赫斯，他是美国普林斯顿大学地质系系主任。第二次世界大战期间，他是美国太平洋舰队"约翰逊角号"运输舰上的一名年轻的军官。

有一次，赫斯随舰横渡太平洋，向马利安纳群岛、菲律宾、硫璜岛一带前进时，舰上的回声探测器记录到一连串圆形海底山，山从平坦的海底耸然立起，高逾数千米，四周陡峭壁立，山顶平坦，令他十分诧异。像这种形态奇特、为数颇多的山体，不仅在大陆上从未见到过，而且在海底也是初次发现，于是他就以普林斯顿大学首任地质系系主任阿诺尔德·盖奥特的名字命名。

战争结束后，赫斯报道了他的发现，据他的初步统计，太平洋底的"盖奥特"竟有160多个。这些"盖奥特"是从哪里来的？为什么会造成如此奇特的模样？若说是侵蚀夷平以后的山沉落到海底的，或者说是环礁沉没的，但皆非满意的解释，暂时成为悬案。后来，他认为研究海底扩张机理以后，才能搞清楚它们的来龙去脉。也就是说，要先研究清楚海底的若干地质及地球物理问题。

在这方面，赫斯有一个有利条件，因为他在20世纪30年代之时，当过丹麦船长芬宁·马因内兹的年轻助手，在海上从事过重力加速度的测量工作，受到良师的熏陶。他认为地球熔融的核心的热发散必将在地幔内导致热的对流。

但问题是，这样的"热流"现象能否让人们直接观察到呢？正逢第二次世界大战结束后不久，一位从太平洋退役的年轻美国军官亚瑟·马克斯威尔原想去原子能研究机构寻求工作，刚好在半路上遇见剑桥大学的地球物理学家爱德华爵士，两人谈得很投机。当讨论到探测洋底导热问题时，马克斯威尔骤然间兴高采烈，他想：坐在房子里搞原子分裂实验，不如上船去体验一下海洋的滋味似乎更诱人，于是参加了海底地温的测量工作。

几年以后，他发现太平洋底的热流是从地球内部释放出来的，几乎与大陆上的热流颇有相似的特点，但洋底的热流值偏高，约为预期值的10倍。这就告诉人们，洋底热流的来源不可能来自玄武岩。也就是说，洋底热流并非洋底（玄武岩质的地壳）所固有，更不是玄武岩壳中的放射性矿物质释放出来的，因此，像大西洋底下必有某种形式的热对流存在，情况如何，尚需探索。

不久以后，青年科学家理查德·冯·赫岑和上田诚也在太平洋多次研究并测量热流工作。他们发现洋底的某些隆起带上，比如东太平洋的隆起带和大西洋的中脊地带，洋底的热流值特别高；但在海沟所在处的热流值却比正常的要低。这一鲜明的对比，只能解释为洋底的热流分布是不均等的，其原因则由于洋底隆起带和海洋中脊是热流的上升处；而海沟则是热流向下流动处。

当时，爱丁堡的亚瑟·霍尔姆斯根据赫岑与上田诚的结论，进一步指出，洋底的热流既然有上升与下降两种，升降的结果必然发生对流，于是他猜想说：热的对流运动可能就是驱使大陆漂移的马达。如果这股来自地幔的热流发生在大陆下面，并持续上升，会把大陆撕开，先形成像红海或加利福尼亚湾那样宽阔的裂缝，然后再继续扩大，最终就会变成开阔的大洋。

海底向大陆进攻

第二次世界大战结束以后，海洋科学获得突飞猛进的发展，搜集到的资料，犹如百花齐放，应有尽有。特别是利用声纳探测海底地形的工作，取得更大的成绩。虽然在19世纪就已经在大西洋中间发现一个巨大而宽阔的大洋中脊，但有关大洋中脊的其他资料仍然所知有限，现在仅就大洋中脊的地形观察就令人神往。例如大洋中脊的地形十分崎岖，在大洋中脊的中央有一条很深的裂谷，好像把大洋中脊劈成两半似的。大西洋的洋中脊延伸极为远长，北起斯匹茨卑尔根，一直向南，与非洲西南方的印度洋上的洋中脊相接。大洋中脊两侧如万仞削壁，兀立于深海平原之上，其相对高差足有两三千米。大洋中脊中间的大裂谷还是浅源地震的发源地，沿着裂谷，构成连续的地震带，如此等等。

那位久负盛名的美国地质学家、盖奥特的发现者赫斯，获得有关海底岩层的古地磁资料、热流资料、大洋中脊及裂谷资料，以及地幔热流促使大陆漂移的设想等，再经过他的综合分析以后，认为：大洋中脊是热流上升的地方，地幔上部的熔化部分足以推开地表，熔岩喷溢而出，形成海底山脉，其中不少是海洋火山，当露出海平面时，就是火山岛，例如冰岛。随着时间的流逝，火山岛一方面被剥蚀作用所夷平，一方面受到热流的推动而渐渐离开大洋中脊，甚至也会随着热流的下降而又会沉没到海底，于是形成前面所说的盖奥特奇观。所以，盖奥特是大洋中脊热对流的产物，多年来未能解决的难题终于找到了答案。

赫斯并不以此为满足，他梳理自己富有想象力的一整套有关洋底发展的概念，终于写出一篇题为《海盆的历史》的短小精悍的论文，选择在1962年为其同事A．F．布丁顿退休纪念会上宣读，这是全世界公布一个新理论的时刻，庄严而难忘。但赫斯却十分谦虚地说："我这篇短文并不能称为论文，而是一篇地球的诗篇。"

一年以后，美国海军电子实验室的罗伯特·迪茨在一篇论文中高度赞扬赫斯的"诗篇"，在阐述赫斯的新构思时冠以"海底扩张理论"的桂冠。

赫斯的海底扩张的新设想，虽然得到众多地质学家的重视，但作为坚实的理论提出，还需要更多的科学事实予以证实。1962年，还在英国剑桥大学做研究生的弗雷德·瓦因，在参加"H-M-S欧文斯号"海洋考察船工作时，对印度洋的卡尔斯堡洋中脊中段进行地磁调查，他发现了与海底地形有关的地磁条带。1963年，瓦因与他的导师德鲁姆·马修斯一起发表了关于大洋中脊磁异常的论文，这一重要著作，补充阐明了地热流与大陆漂移的关系，对于其后席卷了整个地学界的一场伟大的革命，起了点燃火炬的作用。因为洋中脊两侧的磁带是对称的，接近洋中脊处时代较新，远离洋中脊处的则时代较老，说明海底向两侧移动。

对这一现象，瓦因与杜佐·威尔逊进一步解释说：洋中脊的中央裂谷是一个由于地幔热对流引起的张力而产生的海底裂谷，于是地幔上部的岩浆沿裂隙上升而进入裂谷，这些熔岩就记录了喷发时的地磁极性。如果老的中央裂谷在中间再次裂开，则熔岩再次溢出，并充填在新的中央裂谷中，形成新的洋底。此时若发生地磁场倒转，则中央的磁性条带必为两翼极性相反的磁性条带所包裹。如此多次重复，出现了正负相间的磁异常，由于中央裂谷总是在中间裂开，所以磁带的对称性必然出现。并由此可以推算出海底扩张的速度（由地磁条带测出该溶岩的喷出年代，再测出该熔岩距裂谷中央的距离，即推算出洋底每年扩张的速度）。

随着海底扩张问题得到解决以后，多年来探索大陆漂移的机制问题也终于有了结论。这就是说，大陆不断推开洋底扩张而前进，大陆必然在洋底扩张的基础上向两侧产生推动力而移动。

早在1928年的有关大陆漂移问题的纽约大会上，赫斯就曾提出一

大陆漂移

个假说，认为大陆并不是在地幔上"航行"，而是在流动的地幔"传送带"上运移。20世纪60年代时，加拿大地球物理学家威尔逊接受了这个想法，并加以发展，提出：洋底不是一成不变的，而是不断更新的。这就恰如其分地解释了洋底沉积物为何薄而新的现象。

1964年在伦敦召开了一次大陆漂移讨论会。布莱克特宣布：大陆漂移已不是有没有的定性问题，而是转入到讨论漂移的时间和空间的定量问题了。

正当瓦因、赫斯、威尔逊、布莱克特等新一代的科学家为论证大陆漂移取得重大成果而欣喜若狂的时候，另一些地质学家，如艾因及其合作者仍旧视大陆漂移说为貌似荒诞的构想，因而采取审慎的态度再等待观察时，约在60年代中期，南太平洋又传来振奋人心的消息，那里也发现了地磁条带的对称性。到1968年，吉姆·德尔兹勒、G. O. 狄克逊等人发表了《论海底磁异常、地磁场倒转与洋底及大陆移动》重要论文，证明太平洋、大西洋、印度洋的所有地磁剖面都是以大洋中脊为轴，两侧对称，洋底年代也是两侧对称的，并由此推算出8000万年以来海底扩张的速度是恒定的，进而认为近一亿多年以内，非洲与南美洲背离漂移，于是产生了今天的大西洋。

由于古地磁、地幔热流、洋中脊等研究新成果的不断出现，不仅吹响了地学革命的号角，而且被冷落遗忘的大陆漂移说东山再起，又重新活跃起来。

大量的古地磁资料以及电子计算机的广泛应用，为大西洋两岸地理形态的拼接问题找到更满意的答案。回想魏格纳当时提出这个问题时，仍有许多细节问题得不到圆满的解决，给魏格纳增加一些困难，如今已不再有人刁难了。1965年，英国地球物理学家E. 布拉德等就利用这些新技术沿大西洋两岸约1000米以下等深线进行拼接（也就是用大陆坡的轮廓线拼接），效果极为理想，绝大部分地区十分吻合，只有两处稍有些问题：一处是巴哈马群岛和尼日尔三角洲发生明显的重叠，这是由于巴哈马群岛是由较年轻的生物礁建造；尼日尔三角洲是近期冲积物向海洋推进的结果，所以很难吻合。另一处是在墨西哥湾地区，也不吻合。但当你研究一下这里的地质历史特点就明白了，因为这个海湾在大西洋两岸分裂漂移以前就已存在了。后来，又从概率论进行分析，也认为大西洋两岸能有如此的、几乎是天衣无缝的拼接，不可能是偶然的。

前面讲述的基本上是地质历史时期的大陆漂移的典型实例，而今后的大陆还将会发生漂移吗？据来自日本的宇宙卫星的测量资料表明：1986年以后的5年时间里，澳大利亚平均每年向日本靠近38.76厘米，北美向日本每年靠近11厘米，夏威夷群岛的靠近数字更大，为39厘米。因此，学者们认为：离日本最近的夏威夷群岛大约再过一亿年以后可与日本相撞，不仅将形成新的沿海高山峻岭，而且将合拼扩大为新的大陆。另外，日本的北方四岛——齿舞、色丹、国后与择捉，现在也逐渐向北海道靠近而漂移。世界其他各地，亦有类似的漂移动向……

更有意思的是，据1992年5月11日《文汇报》报道：中国科学院上海天文台应用甚长基线干涉测量(VLBI)技术与国际合作，进行数十次测量板块运动，首次证明上海与日本、美国、澳大利亚之间的距离每年以2-8厘米的速率在缩短。这项测量数据反映欧亚板块东端（上海）与北美板块（以阿拉斯加和日本鹿儿岛为测量点）、太平洋板块（以夏威夷为测量点）、澳洲板块（以澳大利亚为测量点）相对移动的速率。另外，还观测到上海相对于欧洲大陆存在每年约1-2厘米的向东运动。

把地球划为六块

到了20世纪60年代末，法国科学家勒·彼雄提出了另一个理论——"板块构造学说"。这项理论融合了"大陆漂移说"和"海底扩张说"，并有了进一步的发展，它对于大陆和海洋的分布、大陆和海洋的构造与地貌、地壳运动、地震和火山活动等现象都有了新的解释。

勒·彼雄把全球划分为六大板块，就是太平洋板块、印度洋板块、亚欧板块、非洲板块、美洲板块和南极板块。

勒·彼雄所说的板块，实际上就是岩石圈。岩石圈包括地壳和莫霍面，也包括莫霍面以下约100公里厚的地幔上部。板块之下的地幔物质就不像上部那么坚硬了，它是接近熔融状态的可塑性流动物质，叫做"软流圈"。由于地球内部的"高烧"和力作用，这些物质在挨着岩石圈的部分沿着水平方向运动，彼此接近或分离；同时，由于地球自转速度时快时慢，板块就好比是坐在汽车里的乘客，在汽车突然启动和紧急刹车时，前冲后仰，从而使地面会出现张裂挤压。

这种张裂和挤压使得岩石圈这个"刚性外壳"在三个地方出现断裂，这些地方就是大洋中脊、岛弧和海沟以及年轻的褶皱山带。这些地方是不稳定的，火山、地震和构造运动就发生在这里。板块内是比较坚固的整体（南非的金矿区）。每一板块都在软流圈上滑动，大陆被驮在岩石圈上，随着板块一起运动，原来彼此连结的泛古大陆，分裂"漂移"成现在七大洲、四大洋的样子。板块与板块之间的碰撞，就会使岩层褶曲，使海底升为高山，而且板块间的这种移动，至今还在地球的各地延续着。

◎ 地动山摇 ◎

　　地球是这个世界上最老最大的"热心人"。地球的内心从来就没有平静过。

　　它的不平静改变了自己外部的容貌，它丰富的表情使人类的生活也无法平静。于是，这个世界就变得无比的生动……

大地为什么不平静

一直到19世纪，人们对地球内部的结构还不清楚，只认为地球的形成是由一团密集星云物质凝结而来，这块炽热的天体逐渐降温冷却，外表的部分先冷，并凝结起硬壳，即地壳。当再冷却时，地壳就发生收缩，正好像越冬储藏的苹果，其表面会出现皱纹。当皱纹发生时，会产生收缩力，使地壳产生运动。地壳表面的皱纹，比如山脉、不平坦的地貌等，它们就是地壳冷却收缩的结果，收缩力就是地壳运动。因为地球一直要冷下去，地壳运动也就不断发生。但这一假说，未能得到地球内部结构的证实。

后来，地球物理学家从地震波得到启示，它在地球内部传导的速度是不均匀的，这表明地球内部的结构是不同的，有层圈存在。其具体的特点，就好像一只鸡蛋，具有三个主要的层圈构造：相当于鸡蛋中心的蛋黄部分，称为地核，其半径约为3470公里；相当于蛋白的那一部分，称为地幔，其半径约有2500公里；最外面相当于蛋壳部分，称为地壳，其平均厚度为35公里，我国的西藏高原是全球地壳最厚的地方，有65公里，而深海的洋底，地壳最薄，仅5-8公里。

地壳由坚硬的岩石组成，也就是岩石圈。地幔是岩石的熔融体，这一层含有许多放射性元素，能够释放出大量的热能，这些能量连同熔融体，为了调整其平衡，无时不向地壳冲击，地壳就会发生震动。特别是那些地壳比较薄弱的地区，例如深海沟、大断裂带上，震动就大些，也就成为地震的发源地。有时，地幔里的岩石熔融体也会沿着深海沟或大断裂的空隙突围而出，岩浆外溢，甚至造成火山喷发。即使不发生地震或火山，能量冲击不大，地壳也会发生运动，比如说振荡运动——会使地壳发生此起彼伏的升降运动，即垂直运动。另一方面，研究表明，地壳像许多木块一样拼接起来，各个块体像浮冰一样浮动在地幔之上，当地幔里的能量由位能转变为动能时，会使木块般的一部分地壳像浮冰似的漂移，甚至相互碰撞，这就是地壳的水平运动。不管是升降的垂直运动或是水平运动，我们均称之为地壳运动。地幔冲击地壳的活动，是地壳运动的主因，也就是内因。

影响地壳运动还有一个外因。因为地球是宇宙空间的一个天体，和其他的九大行星、卫星及其他天体一样，有相互吸引的巨大力量，处于平衡状态。一旦某个天体发生爆炸，比如太阳的大耀斑、超巨星的爆炸，发出的能量足以使天体之间的引力失去平衡，地壳的表面也会出现振动，于是也会成为地壳运动的外来因素。由此可见，地壳运动是上述的内因和外因相互作用的共同结果。

在地壳运动中，地震与火山是人们最容易感受到的，因为这是短时期内的突发性事件。如果把一些非突发性的、人们一时难以觉察出来的地壳运动方式放到漫长的地质历史（往往以百万年为一个时间单位来计算）时期去考察，与人类短促的生命比较，自然就不容易感受到了。

换句话说，地壳运动的方式，基本上分为两大类型，一类是不太剧烈的，地质学家称之为造陆运动，表现为海陆的大规模升降运动，或者说是垂直运动、振荡运动，出现大规模的海水向大陆浸进，即所谓海浸；或者原来浸淹大陆的海水向海洋撤退，使这块被淹的大陆重新暴露于海面之上，即所谓海退。

另一类是剧烈的地壳运动，表现为岩层发生褶皱、断裂，甚至伴有地震、火山、岩浆的流溢与侵入，地理的位置出现水平方向的位移，称之为造山运动。不管哪一类地壳运动，在漫长的地质历史过程中，对地球上的各种自然环境、自然现象的改变，都会产生举足轻重的影响。

古人对地壳运动的认识

人们对地壳运动的认识，是从造陆运动开始的，特别是居住在海边的人，海平面的进退变化，很容易令人联想到地壳在运动。

公元前几百年间，地中海沿岸各国是比较发达的国家，住在那里的一些学者见到许多海生贝类的壳体埋藏在平原之下，甚至在山上的岩层里这一异常现象，提出了猜想：海水曾一度淹进到平原，甚至水位升高到山上。后来，海面下降，陆地相对上升，海生贝壳就遗留在陆上，甚至上了山，这就初步萌发了有关地壳的升降运动乃是造陆运动的基础思想。到了公元1世纪，古罗马时代的诗人奥维德，甚至用诗的形式生动地描述了造陆运动的景象，这首诗的题目叫《转化》，其中写道：

我看到

从前是牢固的陆地，

现在变成了汪洋。

我看到

从海底暴露出大陆——

远离海岸的地方散布着贝壳，

在那高山之巅发现古老的船锚。

洪流奔腾澎湃，

把往昔的平畴冲成山谷。

瞧吧！

巨浪正在把那高山移向海洋。

这首诗的主题道出了"沧海桑田"的基本道理，真是一首文理并茂的科学诗。无独有偶，我国古代学者也有过同类的见解。例如晋代葛洪（284-363年）在其《神仙传》中作过这样的描述：有一次，仙女麻姑与另一仙人王方平相遇，她说："我已三次见到东海变为桑田。前次到蓬莱，海水比现在浅了一半，看来，东海又要变成陆地了。"王方平笑着回答说："圣人都说海中又要扬起尘土了。"这就是"沧海桑田"这句成语典故的由来。当然，这是神话故事，不足以作为科学见解的凭据，但是，正如马克思在《政治经济学批判导言》中所说的"任何神话都是用想象和借助想象以征服自然力，支配自然力，把自然力加以形象化"。葛洪借助神话故事想象并把"东海三为桑田"加以形象化，可算是一个例子。

如果回到现实科学意义上来，我国唐宋时期的一些学者也作过海陆变迁情况解释的尝试。例如唐代著名的书法家颜真卿（709-785年）在任江西抚州刺史时，于公元771年初夏，正当蝉声送暖、花气袭人的时候，与朋友们游览南城县麻姑山写了一篇《抚州南城县麻姑山仙坛记》，文中提到："南城县有麻姑山，顶有坛，相传麻姑于此得道。……东北有石崇观，高山中犹有螺蚌壳，或以为桑田所变。"他将高山上发现螺蚌壳（化石），联系到"沧海桑田"的变化，在古代地质科学尚未建立的时候，有如此见解，的确是不容易的。

又有一个例子，北宋时代的著名学者沈括（1031-1095年），在他的名著《梦溪笔谈》中提及，他在积极参加王安石变法革新时，于宋神宗熙宁七年（1074年）担任河北西路察访使兼判军器监，在当年秋天到河北一带巡视推行新法情况，沿着太行山向北的大道上前进，发现山崖间的石头里衔有螺蚌壳化石。他与同行者一起讨论为什么山崖的岩层里会含有如卵般的圆形石子？这如墙壁一般的山崖为何能延伸不绝？沈括认为太行山东麓曾是海滨边岸的所在，如卵般的石子是当年海滨遗留下来的沉积物，而石头的螺蚌壳也正是过去滨海地带生活的贝类在死亡之后，留下的壳体遗骸。如今，海岸已东去很远，离太行山麓恐怕有千里之遥！如果用今天地质科学的道理去注释沈括的这段文字，难道不正是地壳运动的造陆作用的结果吗？沈括由此推想到华北平原的形成过程，他说："所谓大陆，都是由泥砂堆积而成的。相传尧杀死鲧的羽山，原是在东海中（按地理位置，应该是黄海，不是东海——作者），而现在的羽山，已经到平原（在今江苏省东海县境内）上来了。"他还对同行者再进一步阐述："黄河、漳河、滹沱河、涿水、桑乾河等都挟带大量泥沙，水流混浊不堪。当这些泥沙冲到河口，岂非把海滨逐渐填塞起来，平原也就逐年扩大了。时间长久以后，海岸不就越来越向东推移了。现在河南、陕西、山西黄土高原上为什么有深切百米的河谷，就是因为黄土被河水带走的缘故。"

如果把沈括的这些见解说得更合乎科学道理，应该说，在地壳上升过程（即造陆运动）的同时，黄土高原上发育深切河谷，黄土及其泥沙等冲积物被携带到下游淤积，终于形成举世闻名的华北大平原。

沈括所理解的地质变迁思想，虽然比较原始，但仍然是十分珍贵的。像这类比较系统的沧海桑田的解释，在欧洲的出现，一般都认为始于文艺复兴时代的意大利著名画家、科学家达·芬奇（1452—1519年），这要比沈括晚600年。

沧海桑田话沉浮

完全从地质学角度研究造陆运动，始于吉尔伯特，他在1890年提出这样的概念。他认为缓慢的地壳垂直运动是造成大陆高原、大陆平原以及海洋盆地的最主要原因。或者说，是造成地球表面隆起与凹陷的最主要因素。在地球历史上，曾经发生过大规模的海退——海水从大陆退回到海洋，使原来是海底的地方形成陆地；或者发生过大规模的海浸——海平面上升，海水向原来是高出海面的大面积陆地发生浸进，海水淹没了大陆，使原先的陆地变成海洋。这也概括为我国古代的成语——"沧海桑田"的意思。

如果用吉尔伯特的概念，举一个地质历史时期曾经发生过的具体实例，不妨看我国华北及其邻近的朝鲜半岛、辽东半岛、陕西、内蒙甚至淮河以北的河南、皖北、苏北的广大地区，在距今4亿年前的中奥陶世以前，基本上是一个海底相当平坦、海水深度不大的海洋，与现在我国东部的大陆架相似。到中奥陶世时，当地发生造陆运动，沧海转变为桑田。一直到距今三亿五千万年前的早石炭世时，大陆发生沉降，桑田又沦为沧海。正是由于这一重大的变化，致使从石炭纪到二叠纪的近一亿年间，在这块广袤的大地上出现过滨海沼泽和陆上沼泽，生长了茂密的森林，成为后来丰富的煤炭，至今，这里已是我国著名的煤田所在地了。

如果从现代地貌特点看，以我国为例，黄土高原、青藏高原、云贵高原等都属于地壳上升的大面积隆起区；而黄河下游的华北平原、松辽平原、东海与黄海相邻的平原区，都属于下降的凹陷地区。

从历史记载或长期仪器测量结果，也能识别地壳的升降运动。例如渤海北部，河北省昌黎县东边，两千多年以前，有一座屹立于海滨的碣石山，是观察海上日出的胜地，秦始皇与汉武帝都曾登临游览。三国时，曹操在北征乌桓，胜利班师途中，也来到碣石山，游览之余，还写了著名的《观沧海》一诗：

东临碣石，以观沧海。水何澹澹，山岛竦峙。树木丛生，百草丰茂。秋风萧瑟，洪波涌起。日月之行，若出其中。星汉灿烂，若出其里。幸甚至哉，歌以咏志。

此后，陆地连续下沉，海水向大陆浸进，碣石山就变成海里的礁石，如今去看碣石山，已经被海水吞没，再也见不到当年的巍然雄姿了。

就地壳沉降看，世界上最著名的低地是荷兰。全国约有1/4的土地位于海平面以下，平均每年下沉2-3毫米，别看这小小的数字，如果加上时间长久因素，下降的幅度就相当可观了。所以荷兰是靠堤坝过日子的，水利科学也特别受到重视，取得许多重要的成就。相反，北欧的瑞典、芬兰、挪威则是一个著名的上升区，例如位于芬兰与瑞典之间的波的尼亚湾的海水逐年变浅，1602年在那里修建了一个可停泊巨轮的码头，不到百年，已经无法使用而放弃了。

升降运动最有趣的例子，莫如意大利那不勒斯塞拉比斯古庙的三根古石柱，它记录了近4000年来地中海数次升降的变化。公元前开始建庙时，海水远离边岸。到13世纪，地壳沉降，海水浸淹，柱子被海水没去一半。18世纪时，地壳上升，柱子又露出海面，柱面6米以下，留下海生动物蛀蚀的痕迹。到1955年，柱子的2.5米又没入水中了。

由此可见，造陆运动实际上是一个运动的两个方面。升与降，高与低，往往相伴而生，即所谓此起彼伏的道理。同一事物表现为两个相对方向，既矛盾又统一，是自然界保持和谐的规律。

漫长的造山运动

　　相对于造陆运动来说，认识造山运动却非易事，因为它很难像海陆变化之类容易被人们识别。因此，在浩瀚的古籍中也不易发现古代学者有关造山运动的见解。

　　可是另一方面，逶迤高耸的山岳是从哪里来的，却一直为人们关心，萦绕在许多学者的脑际。直到19世纪中叶，有些地质学家在现今的巨大山系区域工作时，发现那里的岩层颇为奇特，褶皱、卷曲，好像面饼一样。这种看上去很随意的褶叠，不仅见于整座山岳的岩层有如此模样，而且延伸千百公里以上的山系也都是如此。在那里，还发现火山岩、岩浆岩穿插其中，与褶皱相伴的断层也在运动中发育。从这些地质构造现象分析，似乎地壳有一种比垂直振荡运动更为剧烈的水平运动存在着，只有这种力量才能驱使水平的岩层卷曲起来，只有卷曲的岩层相互挤压、叠复，才是山脉形成的基础，这就是造山运动。

　　为了验证这一设想，地质学家考察了当今世界各大山系，诸如喜马拉雅山、阿尔卑斯山、安第斯山、洛基山、阿帕拉契亚山等等，这里的地质特点也同样显示强烈的褶皱，无一例外。

　　于是人们确信：水平运动是造成山脉的主要动力。但是，水平运动的原动力又是从哪里来的？

　　关于这个问题的解释，不同学派有不同的说法，而且针锋相对，各不相让。例如早在700多年以前有些学者提出：地壳表面本来就分成稳定区与活动区两部分。稳定区的地壳运动表现为升降作用为主；而活动区的地壳运动则表现为以水平运动为主，而且这种水平运动是由于升降运动而诱发起来的，如现今的山脉，就是位于活动区内而发展成的。

我国著名的地质学家李四光则认为：地球自转速度的变化是导致水平运动的由来。当地球自转时，赤道的离心力很大，南北两半球的力都向赤道运移，一旦自转速度发生变化，运移力量如遇到阻碍，就好像桌面上的台布在相对两力挤压时，布面出现褶皱一样，地壳表面也就出现山脉，并向东西方向延伸。但如果各地由于局部情况变化，山脉方向也就不一定呈东西向了。

最近的解释又认为：地壳表面由若干大小不同的板块构成，它们浮动在地幔软流圈之上，随着地幔对流，板块也随着漂移，如果两个或两个以上的板块在漂移过程中发生碰撞，就会在相撞的边界上出现山脉，随着板块不断紧靠，甚至复叠其中的一部分时，山脉也就不断升高。

山脉的形成并不是一朝一夕的事，其中有量变和质变的过程。比如拿当今世界上最高的喜马拉雅山脉来说吧！早在一亿年前，印度（大陆）板块开始脱离位于南半球的贡瓦纳大陆（相当于现在的南半球各大陆联合在一起的古大陆），逐渐向北漂移，直到距今5000万年前的始新世时期，印度板块才与亚洲（大陆）板块相撞连接。在这六七千万年间的漂移，可说是量变。到始新世，两板块相接时，可说是质变。从此以后，印度板块斜插在亚洲板块之下，像木楔一样使亚洲板块垫高，并继续升高，至今尚未停歇。

现在让我们来看一看来自喜马拉雅山地区的纪录报告：

白垩纪晚期，印度板块已经脱离贡瓦纳古陆，位于南纬40°至20°之间（据古地磁测定）。

古新世时，印度板块漂移到南纬30° (以德干高原古地磁测量及古植物化石资料确定)。

古新世末期，印度板块继续向北漂移，越过赤道，约位于北纬10°至20° (古地磁测定)。

始新世末期，由于再也没见到海相地层，并且在此以前形成的地层均发生褶皱，可知当时的印度板块已与亚洲板块相撞，喜马拉雅山脉的基础，于此时奠定。

渐新世至中新世时期，山脉形成以后处于上升阶段，由造山运动结束以后转变为造陆运动，剥蚀作用已经进行，并出现了在华北地区常见的三趾马运动群。由此推测，当时的喜马拉雅地区海拔约为1000-2000米（目前发现三趾马动物群的地点在海拔4000米以上），比现在要低3000米左右。

上新世晚期，继续升高，但尚未到达雪线高度。因为发现高山砾植物化石，此类化石生长于海拔2500米左右的山区，而目前化石产地的高度已达5200-5900米。

进入第四纪时期，很多山峰已到达雪线高度，山岳冰川已经形成，一片琼林，洁白世界。海拔7000米以上的高峰已非罕见。

现代测量证明，喜马拉雅山每年约以十几毫米的速度仍在继续升高。

以人类在世的短促寿命，无法直接观察到造山运动与造陆运动的全过程，但发生运动的形迹却往往留存在岩层里和古代生物形成的化石上。地质古生物学家的智慧就在于凭借这些大自然的信息，分析其来龙去脉，讲述出生动而有趣的地动山摇的故事来。

山脉的摇篮

地球的表面分成大陆和海洋两部分，这是早已为人们所熟知的。而且大陆和海洋并非固定不变，有时会出现相互转换，这一事实，也被古代的一些学者注意到了。但毕竟这些自然现象只限于表象，内在的机制仍不得其解。自从西欧的产业革命发生以后，人类对于矿产资源的需求日益迫切，于是在欧洲、北美大批掘金者向山区进军，掀起开发矿业的高潮，与山石打交道的机会逐渐增多，对地球本身问题引起探索研究，大到地球的来历，小至矿物晶体形态的特点，无不令人感到兴趣。

当此之际，有些科学家提出了这样的疑问：大陆上为什么有高山、平原、盆地之分？又为什么有些山岳内的岩层褶皱得十分剧烈，而有些山岳的岩层则平整地躺卧着？有些山体内由大量的火成岩组成，有些山体则见不到火成岩，而遍布沉积岩层？如此等等。于是研究者联想到莫非各地的地壳结构有所不同？其中的奥妙何在？

一百多年来，大批地质学家都围绕着地壳的构造问题纷纷进行研究。

1859年，美国地质学家 J·霍尔在调查研究北美的阿帕拉契亚山脉时，发现那里的古生代地层厚度达万米，褶皱异常剧烈，与其相邻不远的平缓起伏的地方厚度相比，几乎相差10倍之多。再看这些由强烈褶皱而且巨厚的岩层组成的山脉，分布在狭窄而呈条状的地带内延伸，而平整厚度不大的地层则分布在宽阔的地区，两者相比之下，反差很大，这是为什么呢？

他反复考虑后认为：地球表面可能存在狭窄的长条形槽状凹地，如阿帕拉契亚山脉是最先接受沉积的地方，当后来地壳发生运动时，

地动山摇

67

巨厚的岩层出现褶皱，运动强烈，褶皱也剧烈，最后抬升，形成山脉。

1873年，另一位地质学家丹纳补充了霍尔的研究，认为这条长形的凹槽地是属于浅海沉积环境，不过凹槽在持续沉降，所以浅海相的岩层变得十分巨厚。他还将这个凹槽地形称为地槽，是山脉的摇篮。

几乎就在这个时候，欧洲的地质学家休斯与奥格却认为地槽是深海沉积环境。

到1885年，休斯注意到霍尔曾经提过的相邻地槽之侧，广袤达几百万平方公里，近等轴状或多边形地区的地质特点，构造简单，地层厚度较小，常呈平丘缓岗地形，他认为这是地壳运动比较平和的稳定区，称之为地台。

自此以后，地质学家就接受了霍尔与休斯对地壳结构的解释，认为地球的大陆部分就由地槽与地台两种不同的构造单元组成。如果以我国为例，整个秦岭、淮河以北的华北地区及其邻近的东北南部、朝鲜半岛大部与西北东部就属于地台区。

在这里，从古生人（从元古代晚期开始）直到现在，都属于地壳的稳定区，未曾经历过剧烈的地壳运动。地形上也只是一片广阔的平原或高原。其间相邻的天山、祁连山、秦岭、兴安岭相比，后者则完全是另一番形态，它们是狭长的山脉，延伸可达几千公里，高度可达雪线以上，甚至有现代冰川。而且凡地壳剧烈运动导致的强烈褶皱与岩浆侵入活动的痕迹，均历历在目。如果再追究一下这些山脉发生地壳运动的时间，古生代的不同时期均有所表现，说明它们并非稳定地区，而是活动地区。

就世界范围来说，北美的加拿大，前苏联的俄罗斯平原，西伯利亚平原，北欧的芬兰、瑞典一带，澳大利亚，非洲内陆，南美洲的巴西及其邻近地区，南极洲等地，均属于稳定的地台区；而许多著名的山系，如安第斯山脉、乌拉尔山脉、阿尔卑斯山脉、喀尔巴阡山脉、高加索山脉、喜马拉雅山脉、洛矶山山脉以及许多岛链地区都属于活动的地槽区。

研究者还认为：地壳形成的初期阶段，活动性十分显著，几乎到处是火山喷发，地震摇晃，造山运动的特点无处不见，完全是一派地槽面貌，地质学家称之为泛地槽。

后来，大海般的泛地槽中间出现若干岛屿状的稳定性的地台，称之为原始地台。随着地质历史的发展，原始地台逐渐扩大，地槽范围则相对缩小。也就是说，在地台周围的地槽，经过地壳运动的洗礼，都变成山脉，归附于地台的周围，这就是地台逐步扩大的由来。

板块理论的发展

20世纪60年代中期开始，由于海底磁异常带的不断发现，大洋中脊地质资料的不断丰富，海底扩张事实受到地质学家们的重视，于是对地壳构造的新构想也就日趋活跃。例如，1965年加拿大地球物理学家威尔逊在研究海洋地质构造时，发现大洋中脊被一系列横向断裂带所切割，其间距离约为50-300公里。这种断裂带与中脊的轴线垂直，表面看去，颇似中脊被后来的平移断层错开，但仔细观察，这种断层却是由于中脊轴部向两侧的海底扩张所引起的，于是他把这种新发现的断层类型命名为转换断层。

再深入观察时，发现洋底的中脊与中脊、中脊与海沟、海沟与海沟之间都是由转换断层连接起来的。而且大洋中脊、海沟、转换断层这三种地质构造都属于地壳的活动构造带，以地震的频繁出现为主要特征。

这种活动构造带没有终端，它们连绵不断地从一种活动带转换为另一种活动带，直到封住自己的端部。这样，整个地壳（岩石圈）并不是连续完整的圈层，而是由这种活动带首尾相接所分割，形成大小不一的块体，称为岩石圈板块，简称板块。

20世纪60年代末的板块理论到了80年代又有了新的发展。如1983年司多坎将全球划分为12个板块，还有学者划出几十个之多。他们是怎样划分板块的？各板块的边界又有什么样的特征呢？

一般说来，海洋里的板块边界主要有洋中脊、海沟、地震活动带。在陆地上，则有高大的山系、蛇绿岩套（一种深海沉积与来自上地幔的蛇绿岩的混杂岩）、混杂岩组成的断层带、大型的断裂带等等。

青少年自然科普丛书

qingshaoniancziankepuccongshu

地球万象

最近几十年来，通过海洋地质、古地磁、大陆边缘的电脑拼接技术、深部岩石的分布，地震带的分布等多门类科学研究证明：海底裂谷的诞生与海底的扩张是由于洋中脊向两侧推移的结果；地壳的表面是由若干大小不同的板块组合而成的；板块会随着洋中脊的分裂扩大而漂移，即所谓海底扩张——板块构造——大陆漂移组成了地学革命的三部曲。

在美国旧金山郊外的公园，有几个指示牌竖着，他们以圣安德列斯大断层为背景材料进行科普宣传教育，在断层带的西边写着"太平洋板块"字样，在断层带东边写着"北美板块"字样。

游人到此，喜欢跨在圣安德列斯断层带上照相，表示一脚踏在太平洋板块上，另一只脚踏在北美板块上，无形之中，使人感到意气豪迈，雄风凛凛。少年儿童到此，也接受了地学革命新篇章的知识，这是多么生动的普及地理科学的课外教学啊。

大陆是怎样长大的

提出这个问题，也许你会回答：大陆的增长可能是两种方式，一种是陆上河流中的泥沙大量入海，在江河口逐渐淤积，形成新的陆地；另一种则是由于地壳的造陆运动，特别是海边部分上升时，也使大陆增长。但现在这个命题并非指上述的两种情况。

自从板块构造风行地质界以后，由此引伸出大陆增长与山脉形成问题的讨论。

1963年，美国地质调查所青年地质学家W. 哈密顿在美国西部爱达荷州西部考察地质，这里是著名科迪勒拉山系延绵分布的地方，他的工作范围并不大，仅仅1000平方英里，但却遇到令人不解的问题——东半部与西半部的岩石特征相差很大，前者属于大陆壳范畴，而后者则属于海洋壳的范畴。他自问：现在的海洋远在400英里之外，为什么会出现这种奇事？由于百思不得其解，终于失去了继续研究的勇气。

1969年，他在加利福尼亚州南部（也是科迪勒拉山山系延伸的部分）又发现了同样的两种截然不同的岩石。这时，他大胆提出前所未有的看法：认为西半部岩石，即洋壳特点的岩石原来是热带岛屿的一部分，在地质历史的某个时期，由于那里出现分裂，这部分岩石就漂移数千英里，远渡重洋，最后并合到北美板块（即其东半部具有陆壳特征的部分）的边缘，使北美大陆扩大了陆地面积。在并合过程中，犹如板块相撞，在接合带上形成山脉。总之，他认为科迪勒拉山系中有外来的地块，称之为"地体"。换句话说，从地体的移动到合并，促使大陆增长和山脉形成。

到1971年，加拿大地质调查所的 J. 孟吉和西华盛顿州立大学的C.罗斯在加拿大境内不列颠哥伦比亚省山区（科迪勒拉山脉向北延伸的部分）工作时，看到古生代地层中包含着很多来自中国、日本、印度尼西亚浅海中的有孔虫与放射虫化石，这些非北美所产的外来古生物，使他俩迷惑不解。当时，他俩也没有深究，含糊其词地解释为可能是奇怪的海流把它们带来的。但又说，这些山可能来自亚洲。

1972年，另一些地质学家在加拿大西南角太平洋边岸上的温哥华岛工作时，发现岛上属于二叠纪的地层，应该形成于热带海洋里，如今两地相距有数千英里之遥。

1974年，有一些地质学家在阿拉斯加工作时，提出该州南部（北纬55° 左右）的古生代地层与俄勒冈州（北纬45° 左右）的几乎完全相同，大概在中生代末期从俄勒冈州分裂出来，向北漂移，并合到阿拉斯加。

1977年，美国地质调查所D. 琼斯等补充提出北美西部还有一些地体是从赤道附近漂来的。

从此以后，地质学界掀起"地体热"，认为大陆的增长和某些山脉的形成，都是由于地体漂移并合的结果，认为许多大陆原来都不大，例如北美大陆，大概有四分之一的土地是外来加入的——华盛顿州、加里福尼亚大部分是外来的；加拿大的不列颠哥伦比亚是外来的；阿拉斯加是由原来互不相关的地体并合而成的；雄伟而硕长的科迪勒拉山系也是由不同地质条件的地体并合组成的。现在，不少地质学家认为整个中美洲、中国大陆的很大一部分、日本、南美洲边缘、俄罗斯以及大西洋周围的一些陆地都由地体并合而成。太平洋边缘的很多陆地都是在古生代晚期从各地分裂漂移合并到已存在几十亿年的古老大陆上增长起来的。

当然，研究地体漂移和并合，并不是凭空想象的，最主要的条件有四个方面：第一，要指出该地区的岩层及其种类和相邻地区有很大差异；第二，沉积物中的古生物化石并非当地所有，与相邻地区所见的化石迥异；第三，岩石中测定的古地磁方位与相邻地区不一致；第四，地体的边界是并接的，必定有断层存在。

一种新学说兴起之后，往往很快风行。正像街上流行的时装一样，几乎人人都去仿效穿着。地质界掀起"地体热"，其中有些是真地体，有些则是贴上标签的假地体。科学是无情的，历史是无情的，不能学着赶时髦穿时装。随着地体问题的深入研究，那些一轰而上的假地体必将被淘汰。

不管怎样，地体的提出，解释了某些大陆的增长和某些山脉的形成。

大陆之间的桥梁

　　20世纪有关地壳表面的构造问题，即所谓大地构造问题的争论，不外乎前述的固定论（强调地槽——地台观点）与活动论（强调大陆漂移、板块构造观点）两大派。而且近年来，活动论的拥护者几乎取得压倒优势，这样，是否这场争论可以休止，可以作出结论了呢？

　　事实可并不那么简单，有些问题，固定论者尚有理由坚持，活动论者也难以解释。其中"陆桥"之说就属于此。所谓陆桥，简单地说，即连接两块相距较远的大陆，曾起过桥梁作用的陆地。如果你有兴趣，不妨打开世界地图，考查一下现代各大洲之间的陆桥，也不乏存在呢！例如亚洲与北美之间有白令海峡，在海峡上，还分布着好几个面积不大、相距不远的岛屿，它们堪称为联结亚洲与美洲之间的陆桥。亚洲与澳洲之间，有新几内亚与约克角半岛之间的托雷斯海峡等等。

　　再注意这些海峡的海水深度，更令人吃惊，如白令海峡最深为42米，马六甲海峡最深为25米，托雷斯海峡最深仅5米，德雷克海峡（南美洲与南极洲之间）最深也只有80米。一旦海平面下降，这些海峡之底，就会暴露出海面而成为陆地（或者形成如巴拿马地峡），成为联接各大陆之间的桥梁。这不是无端的猜测，而是有事实上的可能。有人估计，距今100-700万年前，正值第四纪的玉木冰期之时，由于全球气温降低，出现大规模的冰川，海平面就可能比现在下降100米（有人甚至估计可达200米），这样，世界各大陆之间就可徒步跨越，是不需船只摆渡的。

　　早在大陆漂移说尚未确立以前，19世纪时，有些地质学家，如休斯就已注意到被汪洋大海分隔开来的南半球各大陆上的古生物化石、地层分布、地质构造、古冰川沉积等特征都有极大的相似性，那时，他解释说，原先南半球是一个完整的贡瓦纳大陆，后来由于大陆内部若干地区发生陆沉，海水浸进，于是分隔了各个大陆。

后来，许多研究现代生物的学者注意到大西洋两岸——欧洲的西部和北美的东海岸都生存同样的圆口蜗牛。又如正蚯蚓科的许多属种在大西洋两岸同纬度的大陆上也能发现，于是，有些地质学家推想，早年北大西洋中间可能存在联结欧美两洲之间的陆桥，这块陆桥（陆地）大概由于某种原因而沉没了，不然，又如何解释这种奇特的生物分布现象呢？甚至有人将这块想象中的陆地命名为"阿特拉斯"。还有人推测，这块陆地发生沉没的时间不会太远，也许就在史前不久，有些热心的考古学家还饶有兴趣地企图到北大西洋去寻找"文物"佐证，但他们的希望都落空了。

有人还注意到马达加斯加岛上的狐猴与印度、斯里兰卡，甚至东南亚地区生长的狐猴也极相似，于是猜想印度与马达加斯加之间曾有过联结亚非之间的陆桥，后来而成为印度洋，但也找不到任何地质证据。

还有人甚至怀疑浩瀚无边的太平洋中心地带也有陆桥沉没的可能——现存的复活节岛也许是当年古老太平洋大陆沉没以后残留下来的部分呢！

科学家刘时藩于1986年提出了泥盆纪的陆桥问题，他根据一种生活于温暖地域里的淡水河湖中的沟鳞鱼化石的地理分布与地层分布的特点进行讨论。世界上最早出现沟鳞鱼的地区在我国云南的东南部，其时代至少相当于中泥盆世早期，甚至更早些，以后一直延续到晚泥盆世末期而绝灭。

在国外，出现的时间普遍要推迟，如澳大利亚的沟鳞鱼开始出现于中泥盆世，大量繁衍于晚泥盆世；北美与南极洲等地均产于晚泥盆世，而且十分繁盛。所有这些不同地区、不同时间出现的沟鳞鱼化石，如果从生物学特征观察，几乎十分接近。虽然现在被古生物学家鉴定为许多种名，但很大程度上带有人为的主观因素。因此，不难猜想到发源于我国的沟鳞鱼应该通过陆桥扩散到世界各地，先后历时约有两三千万年。

　　也许有人说，泥盆纪时世界存在泛大陆，不需要陆桥来传布沟鳞鱼化石，现在各大洲所见的沟鳞鱼化石是后来大陆分裂、漂移的结果。可是，刘时藩认为，在这两三千万年的短时间内，大陆漂移不可能达到那么远。而且现在掌握的古地磁与古地理资料，也足以表明泥盆纪时并没有泛大陆存在，谈不到大陆的分裂、海洋扩张，以致大陆漂移了。可见陆桥存在之说，还不能轻易地否定。

　　看来，把整个地壳构造视为古今不变、海陆位置早已固定的说法显然是不正确的，因为大量的地质资料与地球物理事实无法证明它。

　　当年休斯曾经设想某些生物借助于漂在海上的树木的移动而散布繁殖虽然是可能的，但现代海上交通发展以后，大西洋两岸蜗牛与蚯蚓之类的生物为何不能交通？也就是说，地壳构造是活动的（板块会漂移），但在活动的全过程中也会出现暂时的稳定时期，就在这地质历史的一瞬间，出现陆桥，借此引渡生物的往来是完全可能的，自然界的辩证法应该就是这样。

地质构造与矿产

我国湖北有一个大冶铁矿，早在清代末期就已经开采，当时曾组建汉冶萍公司，采掘此间铁矿为钢厂的原料。后来，日本军国主义者侵占我国大片领土期间，也曾在这里作过大规模的掠夺性开采。解放以后，人民政府迅速恢复矿山，但是，地下到底有多少铁矿石呢？大家心中无数。即将兴建的武汉钢铁公司的基地选在这里是否合适？

在这里，铁山矿区从地表到地下埋藏着很大的矿体，但数量仍然可观，当时仍继续勘探，希望扩大的可能性是存在的。问题是铁山与龙洞之间，隔着尖林山，只是一座石灰岩山，从地表看什么矿也没有。但是从整个矿区的地质构造看，铁山——尖林山——龙洞极可能是相连一起的断裂带，尖林山底下，有可能埋藏着较深的矿体，如果这一推测得到证实，那么这个又长又宽的铁矿带作为武汉钢铁公司的"原料仓库"就毫无问题了。

几十年来，我国的地质工作者和日寇侵占时期的日本地质工作者，都没有揭开尖林山有无矿石这个谜。现在，地质工作者们正在集中力量攻克尖林山之谜。谜的关键，在尖林山与龙洞之间是否有可能存在着两个不可思议的断层，将尖林山的铁矿深埋于山下。最后通过考察和各种资料分析，地质工作者认为：连接铁山、尖林山、龙洞的断层带肯定存在。因为在这个断层带两侧的地层对比不正常，断层带上的石灰岩的侵入造成大理岩变质带十分清楚，并陆续出现某些矿化现象，估计尖林山两侧，从小构造取得的资料分析，横穿断层带的两个规模较小的断层也存在。这样，尖林山的原矿体就被陷落到较深的地下。

经过深钻，终于在离地表300多米深处找到了隐伏矿体。

这个事实，说明了研究地壳构造不仅仅限于大地构造（如板块构造、大陆漂移之类），而更重要的应该研究地壳的小构造（诸如规模并不很大的断层以及褶皱等），因为后者与找矿的关系实在太密切了。如果说研究大构造是找矿的战略措施，那么，研究小构造便是战术措施了。

还有一个类似的例子，浙江某锌矿在一条巷道里开采一条铅锌矿脉，矿脉突然没有了，几十个矿工面对着岩壁束手无策，矿长急得像热锅上的蚂蚁。但由于当地缺乏有经验的地质技术人员，在此无可奈何之际，只得跑到杭州求助于浙江地质局，邀请专家去实地考察。那位地质工程师走进巷道，在撑子面上东看看，西摸摸，就在那矿脉突然失踪的岩壁上发现好几条同一方向的断层擦痕，他喜出望外，用手仔细地抚摸这些擦痕。因为当地地壳发生运动，导致岩层间相互摩擦时，就会出现擦痕，擦痕的方向还同时留存下岩层相对运移的方向，特别是那些具有台阶状的断层擦痕，运移的方向性最为清楚。当他顺着台阶状的断层擦痕抚摸再三以后，心里对矿脉的去向已经有些底了。

原来，这条矿脉的位置已经接近山顶，矿脉断层错开的另一端还要往山顶，实际上早已被风化侵蚀掉了。

这两个实例，虽说都是遇到断层问题，一个是仍然有希望找到更大的新矿体，一个则连原来的老矿脉也不翼而飞，毋需再费神去挖掘。这里使我们明白了一个真理，一旦把书本知识付诸实践，就会产生很大的经济效益。

到山上去找水

断层具有"两面性":既有利的一面,又有弊的一面。比如说,当我们进行规模巨大的工程建设时,例如建造大型水坝、工厂、铁路或其他建筑物,总希望地基牢固,即使发生地震时,也不致发生坍陷。所以,在选择大型建筑时,作为地质工程师总希望避开断层带。特别是避开可能尚有活动性的断层。

相反,如果寻找地下水、开发地下水时,则希望能找到断层,有时还希望遇到较大的断层。因为在这些断层带上,容易找到"泉眼",甚至会出现"自流井"——由于地下的压力可使泉水自动喷到地面。

在南京雨花台旁边,有一个村庄叫花神庙,是南京传统的种植花木的基地。

随着花神庙花木栽培品种与面积逐步扩大,原有的池塘、小河的蓄水不够供应,由于水荒的威胁,生产与生活都受到严重影响。为了寻找供水,他们先后在附近的山麓、河边等多处地方打了好几个钻井,但水量很小,根本达不到他们计划的需要。后来,他们求助于南京大学地质系的一位找水专家肖教授。

肖教授解人所难,带了两名助手,亲自到花神庙去考察,先看了几年来打过的几口宣告失败的钻井,研究了这些钻井无水或水少的原因,认为其主要原因是没有找到出水的断层带。肖教授决定,先要在这块丘岗地上找出断层带,可是这里满山是黄土、野草,平坦的地方都是菜地,没有一点岩石露头,许多本来很容易见到的地质现象都被掩盖了,寻找断层又谈何容易呢!

肖教授凭着几十年来在野外找水的经验,提出先打"外围战"方案，于是带领找水小组到村庄外的一些小山上调查研究，从无数的岩石裂缝的测量统计表明，当地肯定存在一条断层，而且确定了它的延伸方向正好从村庄后面的小土山上通过。肖教授想到这里，一时兴奋起来，对同行的人说："有希望了，钻井的位置就定在这个小山上！"

找水怎么找到山上去了呢？

当时，人们对肖教授的建议半信半疑。水往低处流，这是人所共知的常识，应该在山下钻井才对啊！

花神庙村的领导也把握不住如何决断，只好抱着试试看的想法，暂时采纳肖教授的意见，轰轰隆隆地在小山上开钻了。一星期过去了，钻孔里还是没水，人们像事后诸葛亮又议论开了。

肖教授却不慌不忙地拿过刚钻出来的岩心样品观察，认为含水层还没有钻到，非但不能停钻，钻杆应继续往下打。又过了五天，终于从钻孔中喷出清泉，源源不断地顺坡而下，流向缺水的田地里。村民奔走相告，拍手欢呼声震荡着这座古老的村庄，肖教授的名声也随着花神庙的鲜花而香飘四方了。

◎ 火山地震 ◎

　　火山和地震是一对脾气暴躁的双胞胎，对于人类和生灵来说，它们发起火来，无异是天大的灾难。

　　人类现在虽然已经能够上天入海，却暂时还无法制止这对"暴徒"的施逆。但人类已能预测它们的行动轨迹，使灾难减少到最小的程度。

　　火山里蕴藏着无法计算的能量，人类终有一天会驾驭它们，使它们为人类服务……

维苏威火山和庞贝古城

位于意大利那不勒斯附近的维苏威山，本来是一座不高的小山，山坡和山顶覆盖着一层黄土，漫山长着丰茂的野草，当地农民自古以来就把这里当作天然牧场，成群的牛羊和马匹使这里具有恬静而幽雅的田园风光，景色十分迷人。

公元79年8月的一天，可怕的灾害在这里发生——火山爆发了！先是一声震天动地的巨响，随着一阵黑烟从山顶腾空而起，紧接着断断续续的爆发声夹杂着大量的灰尘、砂土、碎石，冲向天空。黑烟汇合成烟柱，直插云霄，足有5000米之高。

隆隆的爆破声，传到数十里之外。夜晚，浓黑的烟柱变成熊熊的火焰，方圆几十里照耀得如同白昼。

当碎石和灰尘抛向天空以后，散落飘移开来，形成"石头雨"。漫天蔽日，顷刻之间使晴朗的天空变成漆黑的"夜晚"，伸手不见五指。

在这些飘落下来的碎石中，有些甚至重达1000公斤。呛人窒息的硫磺气（硫化氢）及其他难嗅的气体令人呕吐不止并昏昏沉沉地倒下，再也起不来了。有许多活蹦乱跳的野兽和家畜，也都在"毒气"的弥漫下丧生。

原来是郁郁葱葱的草木，顿时焦枯，毫无生机。几乎与此同时，飘泼大雨从天而降，但不是明净透亮的雨水，而是浑浊粘稠的泥水，地上一切景物，都被涂上一层厚厚的"泥漆"。

祸不单行，从喷气冒烟的山顶上又流出火红灼热的熔岩，所到之处林木燃烧了，田野燃烧了，房舍燃烧了。转瞬之间，大片绿野变成火海，不仅所有地栖的动物都遭到火燎殒命之灾，连飞鸟也很少逃脱而跌落到火海之中，化为灰烬。

更惨的是从山上喷发出来的尘埃，源源不断地飘洒到几十公里以外的庞贝城和库兰嫩镇。

庞贝城原是古罗马时代非常繁华的城市，系希腊人所建，有25000人口；库兰嫩镇虽不及庞贝，但也有一定规模。可是这突如其来的大量火山尘灰迅速降下，所有的房屋、码头、街道……全给掩埋了。

灼热的火山灰挡住了视线，人们不知向何处逃生，都被烤死或掩埋。最后，整个城市不见了，只留下厚达7米的火山灰堆积起来的荒野。

直到19世纪，过去了一千多年以后，意大利政府组织人力清除火山灰，进行发掘，这两座古城终于重见天日。大批考古工作者接踵而来，到此搜集各种文物资料。

在清理发掘中，发现火山灰凝结而成的岩石不时发出中空的响声，打开一看，原来是人畜形态"铸成"的空模子，其形体轮廓的线条清清楚楚。

后来，当挖掘到中空响声时，就小心地先凿开一个小洞，把石膏浆灌注进去，停会，再打开岩体，整具的人畜"雕塑"就暴露出来，有时，还能见到他们被火山灰掩埋时的挣扎惨状。

从挖掘出来的"尸首"中进行初步统计，当时惨遭罹难的竟有两千余人。

1828年，英国地质学家莱伊尔对维苏威火山进行了考察，而且参观了庞贝古城。后来，他把所见所闻写进了他的名著《地质学原理》中，其中写道：

"在庞贝兵营里，有两千个锁在桩上的士兵。在郊区乡村房屋的地下室里，有十七副尸骨，他们似乎是逃到那里去躲避阵雨似的火山灰。他们被包裹在一种硬化的凝灰岩内，在这种基质中，还保存着一个妇女的完整模型，手上抱着一个婴孩……她的形状虽然印在石头上，但除了骨骼外，什么也没有了。骨骼上挂着一条金项链，指骨上套着几枚镶嵌宝石的戒指……"由于火山喷发，熔岩溢出，现在维苏威火山的高度也增加1000米以上，而庞贝古城和库兰嫩古镇也就成为旅游与考古相结合的观光胜地了。

维苏威火山自埋葬庞贝城以后，仍有多次活动，时隔数年、数十年，甚至数百年。但人们仍在火山下从事耕作，因为火山灰土壤肥沃。

火山爆发的危害

火山喷发时的直接危害十分可怕，而且对人体健康有间接的影响，不能不引起人们的注意，例如1980年5月，美国圣海伦斯火山喷发后，美国捷哈斯大学保健中心、国立职业保险与保健研究所及其他一些医疗机构都对火山灰的物理化学性质与人体健康的关系进行了研究，专家们发现：硅的无机化合物在火山灰中的含量为1.5%-7.2%。另外在对动物及培殖人体细胞的实验中，专家们研究了火山灰的溶血活性（指破坏红血球的性能）、纤维蛋白原活性（指引起结缔组织增生的性能）及火山灰对肺泡巨噬细胞的影响。他们认为：原来火山灰对人体肺泡的巨噬细胞并无毒性，但对红血球却有破坏作用。火山灰对加快动物结缔组织纤维的形成也有作用。所以，医学专家警告人们：吸入火山灰的人们，染上矽肺的危险性正在增加。

苏联的医学专家们也对这个课题进行过研究，他们以近百年来一次最大的火山喷发，即1975年7月6日至1976年12月10日西伯利亚东部沿海的堪察加的长尔巴奇克火山喷发为对象，统计出这次喷发的火山物质达20-30亿吨，相当于一年中全球所有火山喷发物的总和。其岩浆气体与微小的火山灰环游全球。专家们采集了这次喷发的新鲜火山灰、岩浆气体及熔岩样品测定其化学元素的含量。据米克里沙斯基等学者的计算，每年进入大气中的镉为37.3-299吨，铅为200-2000吨，铜为500-4350吨，锌为1900-15300吨，锰为28000-280000吨。火山气体每年约有3千万到1亿5千万吨，火山灰为3千万到3亿吨。另据苏联学者古辛科的资料，近百年间全球每年火山喷发约为7-38次。由此推算出平均每次喷出的镉为5.3-7.8吨。须知镉中毒对人体的危害是不容忽视的，它会使人的血压升高，引起肾虚乃至癌症；如果通过胃肠吸收（如通过火山灰、熔岩流出来的水饮用以后），严重的使人的骨骼变形、变脆。

　　所以火山喷发时对生命财产的损失，危害极大，人所共识。而如上所说的，潜在的影响人体健康的危害，特别是靠近活火山地区的人们，更应注意。

一对坏脾气的双胞胎

像维苏威这样的灾害性火山。当然是典型的，但也绝非仅有，世界上的活火山与死火山不计其数。当然，地震作为地壳运动的表现方式之一，人们容易理解，而将火山也视为地壳运动的范畴来研究，似乎关系不大。

其实，有些地震与火山是紧密联系在一起的。例如1960年5月22日，智利发生了一次特大地震，震后48小时，位于震中东南150公里外的普耶韦火山猛烈爆发，其烟柱冲到6000米高空，在这座火山的西北面，有一条长约14公里的断裂带上，有28个喷出口，流溢出炽热的熔岩，这也是火山活动，并且持续了几个星期。

为什么有一部分地震与火山喷发有如此紧密的关系呢？

大家都知道，从地面到地下深处的温度是不断升高的。例如黑龙江鹤岗煤矿，在严寒的冬季，地面气温是零下20℃左右，井下却温暖如春；美国有一个金矿矿井，在600米深处竟达42℃高温。这两个例子说明随着地壳深度的增加，地下的温度也随着升高了。

而温度与深度的递增关系又怎样呢？华北平原有一个钻孔在1000米深处为46.8℃，在2100米深处为84.5℃。由此推算，每深100米，温度升高3.4℃；另一个华北平原的钻孔资料统计，每深100米，温度增加3.3℃。由此可知，每深100米，增加3℃是完全可能的。地球的半径为3670公里，其中心部位的温度可增至19万摄氏度了。

另外，岩石的熔点也会随着压力的增大而逐渐提高，这两种温度到100公里深处以下（已到达岩石圈以下）最为接近，也就是说，这里的岩石最容易熔融成岩浆。

但因为岩石圈以下的平均温度还是低于岩石熔点，所以在绝大部分地区的地下并没有岩浆存在。只是当地壳构造运动或其他因素发生时，使某处出现较高的热量聚积或压力降低时，那里才会产生岩浆。

此时，流态的岩浆就慢慢地向压力较低的地方（往往就在它的上方）移动。当岩浆向上移动到一定高度时，压力平衡，便暂时停止运移，在某个地方聚积成"岩浆库"。

在"岩浆库"里，一部分较重的元素会结晶而沉淀出来，同时又熔化一部分岩浆来，结果，岩浆中易挥发的成分（如过热的水、碳酸等）逐渐增多，压力就越来越大。

当压力增加到一定程度时，就会沿岩石的裂隙冲向地表，于是形成火山喷发。

作为火山"通道"的裂隙，往往其深度较大，可以直达岩浆所在地（上地幔），前已述及，这些裂隙"通道"也正是地震频繁出没之处，所以，地震与火山往往成为某种地壳运动的孪生姐妹就不难理解了。

世界上的火山灾害

世界上有很多规模很大的火山喷发活动，使人类遭受了惨重的损失。

公元前1400多年前，地中海东部的克里特岛及其附近的斯托朗特里群岛上的火山喷发以后，几千年来，每隔十几分钟就要喷发一次，而且山体逐年增高，目前已超出海平面926米。

在3400多年前，克里特岛的克诺索斯城是地中海海上交通的要道，经济与文化都相当繁荣，人口有10万之众，历史上所称的米诺斯文化（比古希腊、古罗马的文化还要古老），就以此为中心。

后来，这座滨海城市突然消失了，一度成为考古工作之谜，许多考古学家对此作过种种猜测。现已证明，由于这里连续不断的火山喷发，伴随着强烈的地震、海啸，终于把克诺索斯城吞没了。

意大利维苏威火山自公元79年首次爆发以后，于1036年、1797年、1882年、1906年又发生多次喷发，至今还不能说它已经停止。

墨西哥帕里庭库火山，也是很著名的活火山。在火山尚未活动前，帕里庭库原是一座富饶而美丽的河谷村庄。1943年前，当地一个叫普里多的农民，发现自己的一块玉米地"发热"，晚上睡在田里也不感到冷。1943年2月，这里开始有地震发生，田里的土缝中有烟气冒出来，到2月20日下午4时左右，大地震动的频率突然加强，还伴有隆隆的响声，先前冒烟气的地裂缝也逐渐加宽，约有6-7厘米。不久，裂隙越来越长，宽度也越来越大，而且裂缝的数量也骤然增多，带有浓烈的硫磺气味的烟从裂缝中陆续冒出，并嘶嘶作响。烟气逐渐变成烟火，田埂上的树木被灼热燃烧了。冒烟的若干裂缝终于扩大成洞隙，除浓烟外，还翻腾出石块、砂土。第二天上午，喷翻出的砂石碎块堆到20米高的小丘，一星期以后，变成一座高达百米的小山。随后，火红的熔岩流外溢，温度达1000℃。开始时，熔岩流像两条火龙，每分钟流动几十米，当流到2公里长时，表面冷凝，失去亮光。几年以后，共流出熔岩流达10亿吨，掩盖面积达24.8平方公里，到1952年3月4日，喷发才暂时告一段落，此时的火山高度已达450米。

西印度群岛中的马中尼克岛的培雷火山喷发也是一场很惨的灾害，1902年5月8日爆发，位于火山脚下的美丽滨海城市——圣佩尔城摧毁于顷刻之间。当时有一位水手作了目击者的记载："圣佩尔城毁于一团巨大的烈火，将近四万人死于转瞬之间。英国罗达姆号轮船是停泊在码头旁的18艘船中唯一逃出的幸免者，但船上的人却死去大半……""……一堵火墙从撕裂开的山坡地裂缝中喷射出来，伴随着像有千百门大炮齐发似的巨响，火浪像闪电般的奔涌而来，冲向我们。强大的烈火像暴风一般席卷了圣佩尔城。""烈火冲击着海水，海水沸腾了，引起巨大的蒸气云冲向天空。""火焰喷射只延续了几分钟，它所到之处，一切都燃烧起来，船上的桅杆和烟囱也被烈火燃烧起来。"

此外，如印度尼西亚苏门答腊与爪哇之间的喀拉喀托火山、夏威夷的火山群岛以及1991年喷发的日本云仙火山，它们各自都有不同的喷发特色。

假如火山在海洋中喷发，尤其在陆缘海里喷，还会造成新陆地的奇观。例如日本的西之岛，由于海底火山喷发，1973年露出水面，到1974年再度增长，使新岛面积达到77000平方米，与旧岛相连，总面积比旧岛大3倍，增加了日本的领土。

又如大西洋亚速尔群岛附近，1957-1958年间，一次海底火山喷发，迅速形成一个高出海面150米的新岛，取名维里诺斯岛。

但是，有些新岛形成以后，并不稳定，几经沧桑。例如西太平洋汤加王国的拉特岛西南海底上，1875年由于海底火山喷发，形成一个高出海面9米的小岛。到1890年，再度升高，露出海面46米。此后火山平息，遭受到强烈的海浪的拍打与侵蚀，迅速降低，在不到8年的时间里，小岛没入水下7米。过了69年，到1967年，火山再度喷发，小岛又重新露出水面。次年，又消失了。

直到1979年6月，火山又一次爆发，大量的熔岩和火山块集岩终于又堆成露出海面的小岛，并取名拉特伊基岛。这座小岛的命运，今后还会发生变化。因为当地正处在太平洋的洋中脊位置上，地壳活动相当强烈，火山喷发时有时停，升降的规律也难以捉摸，也可说是大自然的戏谑呢！

我国虽然不是以火山著称的国家，但历史也有不少有关火山喷发的记载。例如黑龙江省德都县境内的五大连池火山群，在1719-1720年（清康熙）间曾发生喷发，吴振臣在其《宁古塔纪略》中写道："离城东北五十里，有水汇，周围三十里，于康熙五十九年六七月间，忽烟火冲天，其声如雷，昼夜不绝，声闻五六十里，其飞出者皆墨石（即玄武岩——作者注）、硫磺之类，经年不断……热气逼人三十余里。"

其实，这里的火山早在第四纪时期即已存在，如果我们实地去考查一下，这里有两列西北——东南走向的火山群，大小共计14个。现称五大连池火山群，金代女真语称"乌去和尔冬吉"，意为9座火山。为什么古代的火山座数与现在见到的不一样呢？这样的数字，相信是后来新增的，比如康熙年间喷发时，就新增了两座，一座名为老黑山，高516米；另一座为火烧山，高393米。这样，还差3座，请考古学家去考证吧！

由于火山喷发，堵了当地的白龙河，形成了一个湖泊，地理学上称为堰塞湖，其中最大的有三个，面积约8.2平方公里。每到夏天，碧波粼粼，景色宜人。再加入众多的矿泉与温泉，对许多疾病有治疗功效，现已在湖滨建起百座疗养院，又是研究火山地质的博物馆，其火山公园面积达720公里。

第二个著名的火山是云南腾冲，这里有两个火山带，东带是上新世时的火山群，西带是第四纪的火山群，总共有40多座。火山地貌保存相当完整，其中以打鹰山最为壮观，相对高度达645米以上，山势巍峨，为全区火山之冠。山顶有深60米的火口，火口中又有4个小火口，凡各种火山地质现象都能在此见到。1609年（明万历）打鹰山火山喷发，引起山上大火，羊群与牧羊人焚毙。过了30年以后，即1639年（明朝崇祯十二年），著名的旅行家、地理学家徐霞客到那里观看到火山喷发以后留下的热泉情景时写道：

"遥望峡中蒸腾之气，东西数处，郁然勃发，如浓烟卷雾，东濒大溪，西贯山峡。先趋其近溪烟势独大者，则一池大四五亩，中洼如釜，水贮于中，止及其半，其色浑白，从下沸腾，作滚涌之状，而势更厉，沸泡大如弹丸，百枚齐跃而有声，其中高且尺余，亦异观也。"

"……水与气从中喷出，如有炉橐鼓风煽焰于下，水一沸跃，一停伏，作呼吸状；跃出之势，风水交迫，喷若发机，声如吼虎，其高数尺，坠涧下流，犹热若探汤；或跃时，风从中卷，水辄旁射，揽人于数尺外，飞沫犹烁人面也。"

徐霞客这些文字的描述，说明火山爆发虽然已过30年，而地壳活动仍在继续。

其他如吉林白头山（天池）于1597年（明万历）和1702年（清康熙）曾两次火山喷发。如今留下一个火口湖，周围有16座峰峦拥抱，池水黛碧。池盆面积达9.2平方公里，最深处为312.7米。由于地处海拔2155米的高山上，池水有半年以上的时间是冰冻的。再如新疆于田西南的昆仑山脉间，历史上也有多次火山喷发，最近的一次发生在1951年5月27日，由于当地无人居住，一般未能引起注意。台湾的大屯火山群是有名的第四纪火山区，其中的七星山至今仍在继续活动。

火山分布规律及预测

　　不管是国外还是国内的火山，其分布也有一定规律，基本上与地震分布带一致。目前全世界约有2000座死火山，500多座活火山，主要分布在四个火山带上。

　　一、环太平洋火山带：与地震带基本一致，从南、北美洲西海岸、阿拉斯加、阿留申群岛，经堪察加、日本群岛、菲律宾群岛以迄新西兰。在本带上，现有活火山300余座，占全球活火山数近80%，其中南美及中美洲西海岸、西印度群岛达100座。阿拉斯加、阿留申群岛、堪察加半岛、日本群岛约90多座。西及西南太平洋达200多座左右，其中印度尼西亚就有90多座之多，它成为世界上火山最多的国家。如1991年喷发的日本、菲律宾、智利诸火山，我国东部诸火山，均属于本带之内。

　　二、地中海火山带：有活火山几十座，如维苏威火山，我国的于田火山、腾冲火山均属本带。

　　三、大西洋火山带：约有22座，许多位于海面以下，冰岛与詹迈扬岛有露出海面的活火山是洋中脊上的产物。

　　四、东非火山带：沿东非大裂谷分布，它是陆地上的"洋中脊"所在处。

　　这些火山带的成因，或者说它的地质背景与地震带是相同的。

　　地震比较普遍，有时会发生在人烟稠密的地区，造成极大的生命与财产的损失，所以科学家与政府都比较重视，提出许多预报地震的方法。相比之下，火山活动区一般比较清楚，人们的生产生活都避而远之，所以对其重视的程度也不免稍有不足。但是，一旦突然爆发，其灾害也不轻。例如菲律宾的皮纳图博火山，沉睡了600年之后（当地人对其已产生麻痹思想），突然于1991年6月9日爆发，造成800余人丧生，20万人逃离家园，工农业生产遭到破坏，初步估计，损失达50亿比索。可见预报火山爆发，在火山活动区仍是相当重要，特别是利用火山区地热进行发电的地方，更不能大意。从20世纪30年代以来，不少科学家深入火山区细致观察研究，到目前已总结出若干有效的预报爆发的事例。例如美国夏威夷天文台的贾加教授根据岩浆上诱发的轻微地震曾预报1935年冒纳罗亚火山的一次爆发。苏联（现俄罗斯）堪察加火山曾于1955年预报当地一座无名火山喷发，提前两周时间。1979年，苏联科学家还准确地预报苏弗里埃尔火山的爆发。1980年，美国科学家也较好地预报圣海伦斯火山的爆发。

根据十几年来火山科学家的研究，预报工作可以从以下几方面入手。

地形变化。由于火山爆发前，地下岩浆在活动，产生地应力，使地面起伏有所改变。例如阿拉斯加卡特迈火山于1912年爆发前，其周围甚至远距十几公里以外，突然出现许多地裂缝，从那里冒出气体，喷出灰沙。1987年吉提阿法尔三角区的阿尔杜科巴火山爆发前，突然出现高达百米突起。1979年圣海伦斯火山爆发前，在其北坡出现一个圆丘。到1980年，圆丘的高度迅速增长，最快时，每天增高45厘米，终于在当年5月18日就从这个圆丘突破，发生大爆发，但在冰岛克拉夫拉火山于1980年10月爆发前，地面却发生沉降，也与岩浆运移有关。

火山上的冰雪融化。许多高大的火山常年处于雪线以上，爆发前由于岩浆活动、地温升高，火山上的冰雪融化预示将要爆发。如圣海伦斯、科托帕克希、鲁伊斯等火山均有此现象，融化的雪水甚至造成泥石流或山洪爆发。

动物异常。和地震的情况相似，有些动物会表现出烦躁不安的神态。

火山发出隆隆的响声。由于岩浆和气体膨胀，尚未冲出火山口时的响声，预告喷发即将来临。

地震仪器监测。火山爆发前常有微震，设置在那里的地震仪能监测到。一般在活动火山的周围均设有地震站，如圣海伦斯火山周围有

13个，夏威夷基拉韦亚火山在1980年5月大爆发前曾监测到每天3级地震达30次之多，苏弗里埃尔火山在1978年4月大爆发前，可感地震每小时达15次。

分析火山气体。在火山附近经常取气体样品分析，不正常的气体增加，表示火山爆发前某些火山气体已"先行"了。

火山附近的水温、地温监测。火山喷发前温度一般都升高，这可成为预测火山喷发的相关依据。

火山给人类的"补偿"

火山与地震不一样，地震带给人类的几乎都是灾害，即使小震也没有多大好处，可是火山不同，纵使它在喷发的时候十分可怕，灾害也不轻，但是，它毕竟能带给人类一些好处，有些还是很重要的"恩惠"。

首先，火山的喷发物本身就具有经济价值。特别是玄武岩类，分布十分广泛，除作为一般的建筑石材外，还是铸石的理想原料。

20世纪80年代初期，苏联的发明家文丘纳斯甚至制造出"石头纸"，它的原料就是玄武岩。这种纸经反复折叠，展开以后不断裂，完好如初；连虫也不会咬它，还可以进行染色，这样，可以根据需要，染成各色纸张；还具有很强的抗拉强度，在印刷机上快速滚动时也不破裂，可以提高印刷速度。

玄武岩，甚至其他火山喷发出来形成的岩石除能制纸外，目前一些工业比较发达的国家，已经利用它们来制造"棉花"，称为岩棉。利用未燃的玄武岩类经过高温熔融以后，拉成直径仅几微米的纤维，外形很像棉花。膨松的岩棉适用于不规则形状的设备空腔的充填，也可以在岩棉中加入特制的粘结剂和防尘油制成岩棉板、岩棉保温带等产品，供各种规则形态的设备使用。

岩棉的用途相当广泛，主要是在建筑和工业的保温方面。据报道，苏联使用的保温材料中，岩棉占一半，美国、德国、瑞典的利用也很大，我国也已生产并投入使用。

有些火山喷发的熔岩与许多金属矿产的形成非常密切，特别是某些大型的斑岩铜矿、铁矿。至于铜、金、铅、锌、银、汞、碲诸矿的形成也与火山熔岩中的安山岩类有关。例如著名的墨西哥银矿、台湾金瓜石的金矿、智利拉科巨大的磁铁矿、山西五台山龙须沟的铜矿等，都与安山岩类有关。

至于安山岩类岩石本身，可作建筑石材以及化学工业上用作耐酸材料，已广泛运用于工业。如果火山喷发熔岩中含有明矾和高岭土的话，还是理想的陶瓷原料。

少数火山喷溢的熔岩属于流纹岩的，有利于金、银、铜、矿的形成。在非金属矿中，如明矾、黄铁矿（制造硫酸的重要原料）、叶腊石（雕刻工艺美术品和图章的重要原料）、黄玉、红柱石、刚玉（经常作装饰用的宝石）、萤石（提炼氟的重要原料）等也都与流纹岩类有关。其实，这类岩石本身也是优良的建筑石材，其中的浮石，质地轻，可浮于水上，我们常在一些观赏鱼的鱼缸中见到，与金鱼藻等相衬映，使鱼缸更显诗情画意。浮石还是重要的工业原料，如制成浮石混凝土，具有隔热、隔音性能，是高级的建筑材料。

火山带给人类的恩惠不仅这些，火山灰是火山喷发出来的最多的物质，其颗粒微细，含有多种植物生长所需要的成分，是天然的肥料，对增加土地的肥力大有好处，像印尼、古巴、日本、中美洲等地的耕地，人工施肥较少，而作物丰收不减，究其原因，不少耕地原是昔日火山灰铺盖而成的。

火山灰还可以当作天然的水泥利用，例如古罗马时代的许多宏伟的建筑物差不多都是利用当地的火山灰为原料，其胶结的坚固和程度，不比现代水泥逊色。而且这种火山灰"水泥"的抗火性能特好。

从火山口喷发出来的气体，如果能够收集起来，也是宝贵的财富，成为重要的矿产资源。

如果提到火山的间接赐予，那就更多，与人们的生活关系更密切了。

首先是地热，当地世界性能源供应比较紧张的时候，地热作为能源开发利用的对象，已被各国政府所重视，地热发电就是主要的开发目标。地热能量的蕴藏是极丰富的，往往需以1038尔格计算，比地球上的化石燃料（煤、石油、天然气之类）的全部能量大1亿倍，仅次于太阳能。当然，开发地热资源并不是一件容易的事，所以至今未能充分利用。

早在1904年，意大利拉尔德雷洛地热田建起了世界上第一座天然蒸气试验电站，到1913年，建成一座250千瓦的地热电站开始运行，标志着近代一系列地热电站的开端。

由于地热发电的经济合算、环境保护、安全生产等方面都有其优点，所以此项建设备受青睐。

与地热有关的，或者说与火山作用有关的另一资源，就是温泉。早在远古时代，我们的祖先就注意到了。例如公元前五六百年前的东周时代，人们就已利用温泉沐浴，治疗疾病。又如汉代著名的学者张衡（78-139年）在其《温泉赋》中提到："有疾疠兮，温泉治矣！"说明温泉治病当时已较为普遍。直到明代，李时珍（1518-1593年）在其名著《本草纲目》中也强调温泉治病，对多种疾病颇有奇效。据医疗统计，利用温泉治疗的病种有关节炎、神经痛、皮肤病等。例如前已提及的黑龙江五大连池每年接待的千万游客中，有不少就是利用这里的火山温泉治疗疾病的。

至于利用温泉灌溉田地，冬季养殖绿肥或饲料，代替燃料使温室保温，种植蔬菜瓜果，以及冬季取暖之类的设施，更是好处说不完。例如冰岛，位于北极圈附近，天气自然十分寒冷，可是在首都雷克雅未克，家家户户，温暖如春，其热能供应，全靠这里丰富的火山温泉。因为冰岛是著名的火山之国，正好位于大西洋的洋中脊上，火山喷发特多，每五年就有一次喷发，持续两年之久才告暂停。

我国目前城市利用地热资源最有成绩的是天津，不仅居国内领先地位，而且在国际上也居前列。已查明的全市地热深水井100多眼，试验地热发电也已获得成功。全市利用地热取暖的建筑面积已达140万平方米，成为世界上规模最大的地热研究培训中心，已成为国际性的亚太地区最大的地热科研基地，为我国以及日本、美国、德国、俄罗斯等国培养了数百名地热专门人才。

灾害性地震历史纪录

我国是地震发生较多的国家之一，因此对于地震的观察与记录的历史也最为悠久、最为丰富。最早的一次地震，据《竹书纪年》的记载，发生在夏帝发七年（公元前1831年），地点在泰山。《竹书纪年》这本书是晋太康三年（282年）在魏襄王（公元前318-前296年）的坟墓中发现，出土时是一部竹简，其上刻着上自黄帝，下至魏襄王二十三年（公元前297年）的历史，这是我国最早的编年史，书中记录了四次地震。

到春秋战国时期，记载地震的文字就更多了，如在《吕氏春秋》、《国语》、《晏子春秋》中都能找到。

最有价值的一次地震记录是发生在东汉永和三年（138年）二月初三日。当时，著名的学者张衡（78-139年）首次制造了世界上第一台地震仪（当时称地动仪），放置在首都洛阳城里。二月初三，它突然发出一声清脆的当啷声，这是地动仪西侧龙口所含的铜球落到了仰对着龙头的铜蟾蜍的嘴里发出的响声。张衡由此推断说，在洛阳的西边某地发生了一次地震。新闻传出，轰动了朝廷内外，谁都不相信。因为当时洛阳街头，车水马龙，如往常一样的热闹，人们毫无感觉，甚至有人攻击张衡胡说八道，无事生非。张衡却安然若素静候消息，此时，正好骑着驿马的信使赶到京城报告，远离洛阳1400多里的陇西（今甘肃兰州、临洮一带）地区于初三那日发生地震，证实了张衡制作的地动仪测量无误，张衡的发明从此传诵四海，成为世界上著名的科学家。

唐宋以后，方志记录的地震十分详细，许多笔记、诗文中也有反映。四千年来，我国可查的地震记录已逾9000次。在这些记录中，人们不仅分析出地震发生频繁的地区，而且分析出华北地区近一千年来地震发生的平静与活跃期各有三次，目前阶段处于第四活跃期内，告诫人们要注意地震的研究与预报。

我国历史上发生的灾害性地震虽然次数不少，但见于文献中有较详细记载的，主要是分布在东部地区，今举几例，以窥当时受震后的惨状，对增强我们的研究工作亦有好处。

1556年（明嘉靖）12月23日，关中大地震，震中在陕西华县、渭南、华阴一带。河北、安徽、湖南等地都受到波及影响，面积达90万平方公里，其中有28万平方公里属于破坏区。由于这次地震发生在午夜12时，正当人们熟睡之时，死伤惨重。当时的记载说："压死官吏军民奏报有名者八十二万有奇……其不知名，未经奏报者复不可数计。"震中地区死亡人数占总人口的50%～70%，房屋及其他各种建筑物破坏倒坍者不计其数，由地震引发的地裂、地陷、滑坡、山崩等随处可见。大震之后，余震不断，甚至过了两年以后，还发生一次破坏性的强震。

1679年（清康熙）9月2日上午10时，河北省三河、平谷一带发生大地震，破坏范围有十几万平方公里，余震持续三月之久，死亡三万以上，当时的记载说："是时城廓、村庄、房屋、塔、庙，荡然一空。远近茫茫，了无障隔，黑水横流，田禾皆毁。阖境人民，除墙屋压毙及地裂陷毙者外，其生存者仅十之三四。"由于余震的关系，因"灶有遗烬"而引起火灾，真是祸不单行。在地震发生的前一年，当地又逢大旱，"秋禾不登"。民不聊生，饿殍遍野的惨景不忍目睹。

1688年（清康熙）7月25日，山东莒县——郯城大地震，是我国有记录以来最强烈的一次地震，震级大约相当于8.5级。震中位于莒县——郯城之间，烈度到达12度。凡山东、苏北、皖东、皖北的广大地区内均遭到严重的破坏，其影响波及地更大，北至北京，南达江西吉安，东到辽宁丹东，西及山西运城，总面积达200多万平方公里。震中一带的建筑物全部倒毁，郯城、莒县、临沂三地死亡人数逾十万。地震以后，连续的暴雨成灾，山崩、地裂、滑坡随处可见。郯城因地震而发生涌泉多处，其上喷的水柱高达两三丈。

火山 地震

1920年12月16日晚上8时，宁夏海原大地震，这是我国现代最大的大地震之一，震级接近8.5级。地震波及范围很大，北京、上海、重庆、玉门均有感觉，面积达300万平方公里，余震持续三年方定。虽然震中地区人烟稀少，但由于发生在晚间，死亡人数超过20万，海原城中的所有建筑物荡然无存，死亡者达90%以上。离震中几百公里以外的通渭、固原等地的建筑物也几乎全部坍倒。又由于当时政府没有及时组织救灾防病措施，致使震后瘟疫流行，更造成大量人口死亡。

1933年8月25日四川茂汶县叠溪大地震，震级为7.5级，烈度为10度。震中位于海拔2300米的高地上，震源距地面16公里。当地原是一座山区的小集镇，有房屋278间，全部坍毁。居民500余人，幸存者仅3人。地震后，山体下滑90余米，陷落范围长达2000余米，堵塞岷江上游，一时大水淹没，来不及逃避而淹死者约2500余人。这次地震共计残废6300余人。

1976年的唐山大地震，震级7.8级，唐山城内建筑几乎全部被毁，死亡人数达20余万。由于政府及时组织抢救工作，避免了更大的损失，如今已重新在废墟上建起一座新的唐山城，很难找到地震的痕迹了。

2008年5月12日汶川地震，震级8.0级，烈度达11度，是建国以来破坏性最强、波及范围最广的一次地震。

至于国外的灾害性大地震的情况亦基本相似，在此不再列举了。

地震是怎样发生的

关于地震发生的原因，至今还不可能提出一种为大众所公认的说法，有一点却是共同的认识——是地壳（岩石圈）受力的作用所致。

据统计，各类大大小小的地震，90%以上分布在地壳的断层带上，因此，里德于1911年根据1906年旧金山大地震的研究，特别是断层位移现象（如前所述）的观察以后，提出地震的成因是"弹性回跳说"。他认为断层两侧岩体受力的作用以后，开始时沿沁层尚无位移，仅在两侧岩石上产生弹性变形，当岩体继续受力，弹性变形越来越大，累积起变形能。最后，断面上的摩擦力不能维持这种变形时，沿断面两侧的岩体就发生滑动，弹性变形也随之消失。此时，变形能就转变为位能，同时就发生地震。但许多地质学家认为，这类地震只能发生在地壳的浅部，其震源一般距地面深度5-10公里左右，最深的震源也不会超过25公里。因为根据岩体力学计算，地壳深处的温度与压力都很高，摩擦运动不可能产生。

20世纪60年代以后，有人根据实验资料提出，甚至深达60公里的地下，岩石在高温高压下，会使弹性变形突然变为破裂，含水的矿物出现脱水，也可以产生地震。由此推测，甚至深度到达几百公里处，岩石已呈熔融状态，其强度突然降低，也会发生地震。因此，人们猜测有些深部地震即由此而来。

还有人提出，当岩浆入侵到地壳中间，其体积膨大，挤压围岩，导致围岩破裂，也会产生地震。

此外，还有火山爆发引起地震。水库充水以后，发生沉陷；洞穴发生坍陷（特别是岩溶地貌十分发育的石灰岩地区）等也会产生地震，只是这些地震的震级较小，局部地段也可能会造成灾害。例如

1962年广东新丰江水库蓄水以后，出现6.4级地震，造成一些损失。还有地下核爆炸也可引发地震，震级较小，通常在5级以下，由于事前有措施，一般无大损失。

地震发生时，地壳到底是怎样运动的？小地震一般不易觉察，而大地震遗留下来的若干痕迹可以观察到，其运动方式，大致与海洋中波涛的前进相似，即有垂直的运动，又有水平的运动。例如1976年唐山大地震发生前，在唐山、滦县和乐亭一带出现地面上升，一年之内曾上升5毫米，成为近20年来上升幅度最高的纪录。而天津一带则发生下降，一年之内下降4毫米，这就是垂直运动的表现。至于水平运动，也有记录，可以通过北京八宝山的断层为例，在两侧放置的仪器测量表明，不到6年的时间内，水平位移达9毫米。唐山地震后，原来是平坦的大道，变得坎坷扭曲，有些高低不平，其高差竟达60-70厘米；水平方向的位移甚至更大，竟有120-250厘米，林荫大道被水平错开十分清楚。

国外有些大地震以后出现的水平位移情况也颇为惊人。例如1855年新西兰一次大地震，道路水平位移达12.2米。1906年美国旧金山大地震后，铁路发生严重扭曲，水平位移达6.4米。1976年2月4日危地马拉大地震后，使这个国家的北部地区向西推移一米以上。

国外有些大地震发生以后，也有垂直运动的记录。例如1891年日本浓尾平原大地震后，原是一块平整的地面，突然变成一个高6米的大台阶。1946年秘鲁大地震，使当地安第斯山出现一个高3米的新断崖。1899年阿拉斯加大地震，甚至出现14.1米高的新崖。至于一些沿海地区，由于地震后出现新的岛屿，或原先的岛屿沉没到海平面以下的景象也不罕见，尤其在印度尼西亚这方面的例子有不少。

由此想象到，在极短的地震发生的一刹那间，震中地区的地面确实会像大海中的波涛那样汹涌起伏。说来也巧，有人还见到这种千古难逢的奇观呢！1975年12月4日19时36分，辽宁海城发生大地震，当时正好有几位在营口药王山上值班的人透过朦胧的夜色看到整个海城的地面与建筑物突然腾起又忽然落下，剧烈的震荡使地面尘土飞扬，刹那间，全城处于颠簸之中，所有的照明都消失了，变成一片漆黑。

既然地震发生时的运动像波涛那样动荡，也就不难想象到出现波峰和波谷，处于波峰地段，升降的幅度大，建筑物及其他损失必然严重。而处于波谷地段，相对的比较稳定，升降的落差也极小，这里的建筑物及其他损失必然轻微。当唐山大地震后，看到残存的建筑物与倒坍的建筑物正好相间排列，就是这个道理。当然人们的愿意是处于波谷底部，可是，谁又能事前获得"情报"呢？只能碰"运气"了。

地震分布的规律

如果你翻阅一下地震资料纪录之类的书籍，或者打开一幅地震分布图一看，不难发现，历史上的地震发生地并不是各地均匀分布的，而是集中在某几个地带上。如果把这些地震带再与地质构造图作一比较，又不难发现它与地壳的断层带关系特别密切。

就全世界范围而论，由震中密布点所组成的地震带，基本上有三条：第一条称为地中海—南亚带，包括地中海—中东—中亚—喜马拉雅山—印度支那半岛—印度尼西亚群岛。第二条称为洋中脊带，包括冰岛在内的纵贯大西洋的洋中脊、东非大裂谷、印度洋的澳洲与南极洲之间的洋中脊以及南太平洋的洋中脊。第三条称为环太平洋带，包括起自南极洲的南极半岛—沿南美洲西海岸—北美洲西海岸—阿留申群岛—堪察加半岛—日本—琉球群岛—台湾—菲律宾与南亚地震带相接。

为什么会出现这三条地震带呢？让我们再配合一幅世界板块构造图看一下也就容易明白了。先说地中海—南亚带，这是一条地质历史上最年轻的造山带，或者说，正好是非洲板块、阿拉伯板块、印度板块自南向北推移与欧亚大板块相撞的接界处。自比利牛斯山、阿尔卑斯山、喀尔巴阡山再向东经过土耳其的托格罗斯山脉、伊朗的库赫鲁德山脉直到喜马拉雅山脉，再转向东南亚的横断山脉，基本上是第三纪时期造山运动时形成的，这些山脉，迄今仍在不断升高，说明这几个板块相接的地带至今仍在活动，或者说，这是地质构造上的活动地区，所以地震在此带频繁出现就不是偶然的了。

至于洋中脊带，前已述及，这里是海底（实际上也是地壳）发生裂口的所在地，其下直通地慢，岩浆往往从此喷溢而出。当然，这正是地壳破裂且极易活动的地区，地震带在此出现，也是势所必然。而太平洋地震带，也属于板块构造的接界之处，以太平洋东岸为例，是太平洋板块与南北美两大板块的接触处；西太平洋岸也是太平洋板块向亚洲大陆板块向下俯冲的所在地——深海沟成为两者的接触带，断裂同样深入到上地幔部分，岩浆不时从此喷出，现今的日本、菲律宾一带正是活火山喷溢带，地质历史的新生代的火山熔岩亦沿此带广为分布，地震活动之频繁自然亦可以理解了。

这里，也许你会发问："有好些地震并不发生在上述的三带上，那又为什么呢？"我们说这三条地震带只是说明地震频繁出没的地方。有些地震，甚至是灾害性的大地震并不位于"三带"之内，但多少与当地的断层（特别是大断层）有关。比如前已提及的1668年7月25日发生于山东莒城—郯城一带的8.5级大地震，虽在"三带"之外，但当地正好有一条著名的"郯庐大断裂"通过，这条断裂，南起安徽的庐江，向东北穿过巢湖—泗洪—郯城—潍坊—渤海—沈阳以北，被另一条近东西向的大断层所切断。据研究，这条长达2000公里以上的大断层，深达上地幔，早在古生代以前可能就已存在，此后陆续都有活动，中生代时期曾经达到活动的高峰，发生较大的水平位移。到新生代时，还出现拉张与挤压作用，近期则有旋转运动的迹象，可见长期处于活动状态的大断裂一旦出现灾害性的大地震也完全合乎科学道理。

更有意思的是，这条使人们受害匪浅的大断层给人们带来灾难的同时，也带来了财富，由于它的深度直达上地幔，由岩浆带到地壳里的若干贵重矿产却易在此富集起来。例如我国天然金刚石（钻石）就出产在断层带的山东蒙阴与辽宁的新金（普兰店）等地。可见自然界并无绝对的好，也无绝对的坏，好坏并存，构成巧妙的均衡，恐怕也算是一条哲理。

地震能不能预报

地震确实很可怕，为了减轻或避免生命财产的损失，人们都希望能进行预报。在科学尚未昌盛的古代，人们凭借地震历史的记录，或遭受地震的经验，也总结出若干有意义的预报方法，并取得一定效果。

举例来说吧！根据山西省《虞乡县志》记载：清朝嘉庆二十年（1815年），山西平陆地区8月6日开始，连续下了三十多天的倾盆大雨。过了重阳节，天气才转晴，照理，此后的气温应该逐日凉爽，可是那几天出现异样，气温比常年偏高，几天之内，一天高于一天。当地的老人们根据前辈流传下来的谚语"霪雨后天大热，宜防地震"的说法，向群众预报近日可能发生地震。果然，9月20日午夜2时，突然地摇山动，发生了一次强烈的地震，房屋倾塌，人畜死伤。

宁夏《隆德县志》曾经把地震前兆归纳为"地震六端"：一，井水本湛静无波，倏忽浑如墨汁，泥渣上浮，势必地震。二，池沼之水，风吹成縠，荇藻交萦，无端泡沫上腾，若沸煎茶，势必地震。三，海面遇风，波浪高涌，奔腾汹汹，此常情；若风日晴和，台飚不作，海水忽然浇起，汹涌异常，势必地震。四，夜半晦黑，天忽开朗，光明照耀，无异日中，势必地震。五，天晴日暖，碧空清净，忽见黑云如缕，蜿如长蛇，横亘空际，久而不散，势必地震。六，时值盛夏，酷热蒸腾，挥汗如雨，蓦觉清凉如受冰雪，冷气袭人，肌为之粟，势必地震。用现在的科学内容去考察这六条，都符合情理。特别是对震前天气异常、地下水异常、海啸、地光、地震云等宏观先兆的观察，作了精辟的概括，其中对地震云的描述和观察与现代研究成果基本一致。这些总结性的资料，十分可贵。

我国从事预报工作者中较有名的科学家就是中国地球物理学会理事长翁文波教授，他在1984年出版的《预测理论基础》一书中就预报过1991年华中（河南、湖北、湖南、安徽各省）地区将发大洪水，果然应验了。

1990年10月14日，他应邀赴美参加科学年会，临行前，向美国HGS驻北京办事处总裁杰利·哈曼先生递交了一份书面备忘录，以一个科学家的责任感向美方提出忠告：加利福尼亚地区近期内将有地震发生，望加监测。三天以后，一场6.9级的强烈地震果然在那里发生。

1990年3月，翁教授在中国科学院地学部举行的中国自然灾害灾情分析与减灾对策研讨会发表一份题为《认识与预测》的论文，预测1990年全世界将发生15次较强烈的地震，结果得到证实的就有13次，预测成功率达87%。他的地震预测达到惊人的准确程度——发震日期前后不差31天，震级误差也极小，发震地点基本上在震中的周围。

人们不禁要问：翁教授是不是一位超人？他有没有特异功能？诸如对地震的敏感性胜过常人？没有！翁教授自己说："我的预测工作没有什么秘诀，只靠看前人留下来的历史纪录资料和一架电子计算机。"他这里所说的历史纪录资料，包括图书馆里的藏书、报刊上发表的文章和讯息、各方有关单位相互交流的资料等，所有这些，都是公开的，没有什么保密的内容。关键的问题是要把资料搜集得完整，分析得清楚，结论就能准确。他又说："电子计算机更是普通，一般市面上都能买到。至于预测的原理，都能在《预测理论基础》这本书中找到。"美国大学早已将翁教授写的这本书的精华部分吸收到教材中去了。

地震前的预兆

地震发生在地下，跟踪观察相当困难，各种干扰的因素又比较多，靠自然预报地震的准确性也就降低了。就目前而论，定性预报的资料已经有较多的积累，从各方面资料总结出大致有以下几方面可供参考。

研究小震的活动规律。一般在大震前小震的活动次数突然增多，或在增多以后又会突然减少，甚至平静下来。例如1975年2月4日19时36分辽宁海城发生的地震，在发震前三天开始出现小震，后来小震次数逐渐增多，临震前到达高峰，24小时之内竟达500余次，然后又平静了几小时，接着就发生大震。所以海城地震预报比较准确，减少了损失。

但是，这条规律不一定都可靠，有些地震在震前不一定发生许多小震；或小震多次后却不见有大震发生。例如1976年唐山大地震，震前未曾发现小震增多。为此，有人曾将全世界1950－1973年间发生的163次较大的地震作过统计，震前出现过小震的只有72次，占总数的44%。

测量地面形态的变化。大震发生前，岩体已受到构造应力（地应力）的持续作用而变形，岩石的变形会影响到地表，使地面失去原有的平衡，产生地形变化，当地形变化到一定程度时，即预示着地震的来临（通过仪器观测获得）。人们能看到的地形变化，有地面的升降、倾斜之类。例如1668年山东莒县——郯城大地震前，在震中区东面的海上，有一个小岛不断上升，后来竟与陆地相连。

观察地下水的变化。这主要表现在地下水位的突然升高或降低，水温、水质的突然变化（如苦、咸、甜味的变化），突然浑浊，或翻花冒泡等等。当然，这许多不正常必须排除气象因素。1966年邢台地震前，该地有的水井水位急剧下降，有的井水则猛涨，甚至溢出井口；或井水变色、变味、发浑、冒光等。水的化学成分也会发生变化。群众总结井水与地震的关系说："井水是个宝，地震前兆来得早。"

观察动物生活习性的异常变化。许多动物的某些感觉器官十分灵敏，胜过人类。在震前几分钟、几小时，甚至几天就有反映，能比人们更早捕捉到地震将要发生的讯息。于是它们表现出异常的状态，烦躁不安、惊恐慌乱、不肯进圈、鸡飞狗吠等现象。据中国科学院有关研究部门统计，大约有58种动物对地震有敏感性。

某些植物在震前也有所反应，如提前开花、突然枯萎等，这是由于震前气温变暖或地下水位下降之类而引起的间接反应。

地声与地光产生的原因，研究者认为与断层活动有关。因为在地震时，地壳肯定发生断裂，有一股巨大的剪断力迅速地将岩石自下而上切开，断面会发生强烈的摩擦而产生响声，在空气的振动与传播时，响声就会增强。

也就在断裂发生摩擦时，岩石的温度可以骤然增高，而且摩擦发热后，岩石会产生电荷。与此同时，地球表面及表层中所含的水分也会迅速变成水蒸气，其中的氢和氧气便会被电荷点燃起来，发出光亮，就是地光。

所以地声与地光往往变成强烈地震即将发生的前兆，具有预报地震的作用。

扩容现象的研究。岩石受力作用但未到达破裂以前而产生许多很细的裂隙并出现体积膨大现象，称为扩容现象。这实质上是地应力、地磁、地电的一种反应。据实验表明，岩石承受应力值达到岩石破裂所需应力值的一半时，岩石开始扩容（扩大容积），体积膨胀，使一系列可测量的物理量（如岩石的地震波波速比、地形变、电阻率）等均发生相应的变化。根据这些物理量的测得，可以预报地震。例如地震波波速变化和地形变化等可在地震前10-15年发生，可作为地震长期预报的依据。

断裂带上氦的异常富集现象。根据美国内华达山脉的前缘断裂和其他断裂的外侧研究，氦的异常富集与活动断层中的地下水关系密切。日本中部的松代地区，在1965~1967年间对每天600次之多的地震活动调查，也证实了氦与现代构造活动有密切关系。苏联地质学家利用断层带上土壤中含氦量的变化预报地震。美国蒙大拿西南部地区的天然水井及泉水的调查也证明：氦的富集与活动断裂有关，主震前17天，氦含量几乎降为零点，而在地震之后，立刻进行调查，却发现氦大为富集，比正常含量高出7倍之多。

以上所说的各项因素，当然不可能单凭某一项出现异常就能作出地震预报，最好是综合几项观察。地震预报是一个复杂的问题，尚在研究，今后肯定会趋向完备。

地震也有"好处"

　　地震对于人类的生命财产来说，几乎是有百害而无一利，但如果地震出现在人类历史时期以前（人类的文明尚未创造以前），则有很多好处，起码，它是成矿的一种营力。

　　例如，地震有助于石油的形成。因为有机质在100℃以下是不可能转变成石油的。1975年俄罗斯科学家发现，在交变弹性变形作用下，有机质在20℃-70℃的低温时也能转变成石油。这是因为一次地震余震期间可有107立方米的水沿地震断裂带重新分布。此时，一部分水分子会分解成氢根和氢氧根，增加水的活动性，对油气藏和金属矿床的形成都有利。

　　地震的成矿作用，目前已经为一些事实证明：在沉积盆地中，有机物质的转化程度在地震活跃的盆地边缘地带最高，离此地带愈低。有人计算出，在地震活跃的山前凹陷带，石油含量比地震不活跃的地区高2倍。

　　金矿也与地震有关，例如1988年12月20日美国合众国际社报道，一支研究队在加拿大北极区对地震断裂带的调查中，意外地发现一条由地震形成的长14公里的富金矿床。

　　更多的金属矿带也都沿地震带分布。

金沙江断流之谜

金沙江，通常指的是自青海的玉树至四川的宜宾这段长江上游。全长2195公里，全年的径流量（屏山站）为1440亿立方米，可谓源远流长。可是在历史记录中，这里有多次较大的断流。

最早记录的断流事件是在1216年，发生在雷坡县以下的江段。据《宋史·宁宗本纪》载："嘉定九年，东西两川地震，与湖夷界山崩八十里，江水不通。"

金沙江断流时间最长并出现干涸，发生在1877年。据《绥江县志·卷一》题为《金沙江之涸》中载："清光绪三年二月二十六日，金沙江江水陡落数丈。次日更落，河面仅如小溪，浅处可涉。河底现出泥沙，中埋没金、银、铜、铁各器物甚多。三月初九日晨，洪涛骤至，超过原迹数丈，泛若龙潭，如夏季水势。沿江拾财物者奔避不及，多被漂没。事后遍访上流阻滞原因与地理，云、川两境俱不得详，然皆同时涨落。疑山崩水阻必在西陲荒远之地矣。"

1880年，《巧家县志》载"江水中断三日之久"。《云南地质与矿产》也记载："光绪六年，巧家红路发生大规模山崩，金沙江断流三日。"

1914年，金沙江上游发生地震，山崩而阻断江水，达七天之久。

1920年，金沙江上游当底一带，曾发生山崩，坍落的岩体约500万立方米，堵塞河床，江水断流。

1932年，位于普渡河口的老君滩一带发生山崩，巨大的岩体冲入江中，堵流半天。据当地老人目击者述说：当崖壁崩入江中之时，顿时形成水坝，坝上成湖，坝下干涸，行人可涉足过江。

1935年12月22日，金沙江下游鲁东渡一带发生巨大山崩，江水断流。《绥江县志》载：民国二十四年十二月二十二日，江水陡落二丈余，江底露出。

1967年7月，金沙江的支流雅砻江发生山崩，岩体入江，堵水达20亿立方米，下游江水突然陡降，次日突然猛涨。

除上述有"案"可查的断流外，在中游的核桃园、下游的老层基等地也出现过山崩堵流的迹象。如果考虑到清光绪以前的堵江断流，肯定不止是南宋嘉定年间那一次。即就以近百年来而论，金沙江的断流亦有8次之多。

从这些情况表明，断流的直接原因是地震和山崩。发生这些"地质事故"的原因，就在于这一带新构造运动特别活跃所致，地质学家认为：巧家以上的金沙江段是近期地壳上升较为强烈的地区，地势特别险峻，当岩层倾角与坡向一致，暴雨以后，促使其中的粘土层软化，当地壳稍有震动时，即会发生大规模的滑坡或山崩。巧家以下地段，是升降运动的交替过渡区，也是地震频繁的发生区，山崩堵流现象自然也就较多。

总的来看，金沙江流域正处在金沙江大断裂带以及小江断裂带、安宁河断裂带附近，地震多而且强，一般可达7级左右，甚至更大，例如1951年丽江大地震和康定大地震均使整个金沙江流域受影响，况且多次地震以后，岩体发育垂直裂缝，形成脆性块状结构，大地一旦颤动，势必发生崩坍。

记录地震的碑石

　　由于地震危害很大，在一些地震多发地区，常常可见到记录当地地震的碑石，以告诫后人注意。比如四川境内，地震频繁，据有史可查的地震记录，遍及30多个县市，主要分布在川西地区。其中的西昌市，正当安宁河与则木河断裂带的交汇处，亦地震多发区。就比较重视地震纪录，并立碑示众。以建立在"川南胜景"泸山光福寺内的碑林为例，一个最大的石碑（96厘米×164厘米）上记着明嘉靖十五年（1536年）、清雍正十年（1732年）、清道光三十年（1850年）发生在四川境内的三次强烈地震的震情及震害，颇有科学价值。

　　此外，还有巴塘地震碑。当地位于金沙江断裂带上，碑刻在城东南3公里鹦哥嘴石壁上。碑文记录了发生在清同治九年（1870年）三月十一日的强烈地震，其中有云："巴塘为川藏接壤，地当孔道。同治九年三月十一日突遭地震，人民沦亡两千余，各大道崩塌四百余里。文报阻塞，人心四散。"

　　叠溪地震碑：叠溪位于岷江断裂带的南端，碑刻在点将台的巨石上。它记录了1933年8月25日下午3时发生的强烈地震，山崩城陷，岷江正支积水数潭成海的事实。

　　黔江地震碑：黔江位于川鄂边境上，碑石立于城北30公里小南海南岸的双石村。记录了清咸丰六年(1855年)六月十日的强烈地震。这次地震，造成山体崩坍，堵塞溪流，形成堰塞湖——小南海。碑文有云："有山名轿顶山，因咸丰六年地震而此山崩，压死千有余人。河塞水涌，荡折百有余户，即余祠宇醮产田口庐舍概被水淹，水道逆行二十余里，此处变为深渊。"

　　炉霍地震碑：炉霍位于鲜水河断裂带上，1973年2月6日发生强烈地震。四川省地震局也模仿地震碑石，在虾拉沱区用铸铁建成一块记事碑。

除四川留存较多的地震碑石以外，在江苏徐州东北50公里古运河旁的一个村庄——燕子埠也保存一块，这里原是省级文物保护单位，即燕子埠摩崖石刻。

在这不到1平方米、文字不足百字的摩崖碑石中报道了1668年7月25日19-21时发生于山东郯城、莒县的8.5级大地震的简单情况，这次大地震，损失巨大，伤亡惨重，波及范围很大，在前面已经提及，不再重复。

与四川、徐州地震碑石有类似功效的，尚有南京郊区牛首山上的唐代古塔。原来宝塔的表面装饰着许多用石灰岩浮雕出来的小佛像，现在可以看到一条较长的斜向裂缝正好穿过几座佛身（包括它们的鼻子、眼睛都被裂缝穿过），裂缝两侧的五官已发生位移了。仔细一看，位移的距离已达几毫米呢！这说明建塔至今的近千年间，由于当地地震造成塔身破裂。

如果再仔细研究一下，还可从裂缝的大小推算出当时地震的烈度和震级，这一点，对于研究此间的地震史，估计今后的地震特点诸方面，都有十分重要的参考价值。

所以，在游览名胜古迹之时，顺便注意一下诸如古老建筑物遭受地震破坏的情况，为地震考古提供有价值的材料是十分有意义的，也可为今后建筑物的防震措施提供必要的参考数据。

◎ 不解之谜 ◎

地球上至今还存在着许多难以解释的不解
之谜，这说明人类的认识不可能达到终点，探
索是人类永恒的追求……

"天兵天将"从天而降

1785年1月27日下午，在德国西西里亚地区，一群农民正在地里干活。他们劳作了一阵后，分头坐在田埂上休息。

突然，从远处传来一阵奇怪的声响。开始时，农民们谁也不在意，但这种声响由远而近，越来越清晰。他们环顾四周，却什么异常情况也没看见。过了一会儿，他们终于听出了是许多人走路时发出的嚓嚓声，步调整齐，声音一致。可是这农田旷野哪来的脚步声呢？

正当他们为此奇怪不已的时候，其中一个农民突然惊叫起来："你们看！你们看！"

大家回过头来，顺着手指的方向望去，看见在离他们几十米的地方有一团黄色的雾从天空中缓缓降落下来，雾中隐隐约约能看见人影。当雾团着陆时就开始慢慢地散开了，那些人影也越来越清晰，原来是几十个穿着卫兵制服的军人！

眼前出现的这个情景使这些农民们惊得目瞪口呆！难道这些卫兵是从天上飞来的？

这时，队伍中走出两个戴着红帽子的人，大概是军官。他俩向卫兵们做着手势。卫兵们立即排成三行，步履整齐地向这些农民走来。这脚步声和刚才他们听到的完全一样！

这支鬼魂似的部队开步走了一段路后，那两个领队又指挥他们停下，其中一个嘴里说了一句不知什么话。那些士兵便齐刷刷地同时把手中的枪举起来。只见指挥官一挥手，一股股浓烟从队伍中升起，久久不散。大约五分钟以后，这支鬼魂部队又和浓烟一起消失得无影无踪了。

这几个农民目睹了这件怪事发生的全部经过。他们匆匆收拾起农具，来到当地的一个政府机关去报告。不料那里的官员说：这种事情在半个月内已经是第三次发生了，现在看来，时间、地点和事情的经过都差不多。

于是，政府立即组织了一支几十个人的部队，潜伏在出事的田地附近，等候着"鬼魂部队"的再次到来。他们担心弄不好可能会与"鬼魂部队"发生冲突，所以每个人都带上了武器。

开始的两天没有动静。第三天的下午两点钟左右，那团黄色的雾又在半空中出现了，还伴随着"咯嚓咯嚓"的军人脚步声。

"鬼魂部队又开来了！"黄雾着地后又散尽了。戴红帽的指挥官下令队伍在田野上摆开了作战队形。

埋伏着的政府部队悄悄地从两边包抄过去，他们一心想抓住这些非人非鬼的士兵，弄清楚事情的真相。

这支鬼魂部队好像面对着强大的敌人，每个士兵的脸上都表现出同仇敌忾的神情，在指挥官的指挥下，又端起了手中的步枪，朝着一个地方瞄准。从样子看，他们一点也没觉察到有一支真正的部队正在向他们发动进攻。

包围圈在一点点地缩小。但是"鬼魂部队"仍然旁若无人似的在摆队形，练射击。政府部队的领队却发现他们一点声响也没有，也不惊动对方，便突然向空中开了一枪。

很奇怪，枪声一响，一团黄色的迷雾又升起来，渐渐地掩盖了这支鬼魂部队，黄雾慢慢地升上天去，一会儿便消失了。

这件奇事很快传开了，震惊了当时欧洲许多国家，吸引了不少科学家到这个地方去调查研究，但不少人虽然也目睹了事实，却无法解释这奇异的现象。后来有人从古书上看到记载，说这块农田在几百年前曾经是一个古战场。

那么，"鬼魂部队"是鬼魂显灵吗？当然不是，世界上不存在鬼魂，人死了更不可能复生。可是这种怪现象毕竟是发生过的事实呀！

有人认为，地球是一个大磁场。在磁场强度较大的环境里，加上地理上的温度和湿度等条件，人的声音和形象可能会被周围的岩石、古树、土壤等记录并储存起来，到了一定的时候又重新释放出来。也有人认为这是自然界里的激光和具有"记忆"功能的铁钛合金在起着录音录像的作用。

　　但这些都是科学家的猜测和假想，正确的答案到底是什么呢？至今仍然是一个解不开的谜。

地底下的无形杀手

一辆绛红色的"奔驰"轿车，穿过繁华喧闹的华沙市区，向着僻静的郊外风驰电掣般地驶去。

公路平坦而开阔，两边是望不到头的冬青树，像两堵挡风的绿色墙垣。秋风习习，它带着野外泥土的清新气息，钻进了车窗。

开车的青年伍尔夫心情很好。晨雾渐渐消散，天高云淡，风和日丽。第一次开车到华沙市郊，能碰上这样一个好天气，真让人高兴。他吹起口哨，婉转而热烈。

这段公路几乎没有别的车，很静，静得有点异乎寻常。

倒不是开车的司机们遗忘了它。恰恰相反，他们对于这段公路常常会莫明其妙地造成接二连三的车祸，至今还胆战心惊。

这是一段神奇的公路，使人无法摆脱灾难的"歧路"。

伍尔夫一无所知。他深深地吸了一口气，这里的空气湿润新鲜，他几乎陶醉了。

迎面开来一辆货车，嘎地一声停下了。

司机走下来，朝伍尔夫扬扬手说："祝你走运，小伙子！"

伍尔夫朝他点头致意，谢谢这位热情、知礼的陌生人。

货车开走了。司机默默地为伍尔夫祈祷，祈祷上帝保佑这位青年安全通过那段"百慕大三角"之路。

前面一条向左右岔开的路口清晰地展现在伍尔夫眼前。那正是一块呈三角形的地域，周围树木葱郁。伍尔夫减低了车速，好奇地注视着窗外的景色。

阳光透过树丛，将闪烁耀眼的光斑投在树荫下。

在一棵遭过雷击的枯树上，停着一只双眼圆睁的猫头鹰。它看见了这辆轿车，突然"哇"地叫了一声，一下子飞走了。

正当伍尔夫觉得蹊跷时，天边掠过一群带哨音的飞鸽，像被猎枪发射的铁砂弹击中一般，一只只从天上栽落下来。

伍尔夫紧紧把住方向盘。他的眼睛模糊起来，头发沉，胸口像被什么压迫着，很闷，喘着气。

他的脖子仿佛被一双无形的巨手掐住，几乎要窒息而死。

就在他发出尖厉的呼叫声时，眼前突然一团漆黑。他来不及转动方向盘，轿车开出公路，跌跌撞撞地翻到公路下的水沟里。

伍尔夫的头撞在前方的挡风玻璃上，立刻昏迷过去。

天高云淡，风和日丽。公路上和往常一样宁静。

翻车的地方，正是呈三角形的地域之内——"百慕大三角"。地上躺着几只僵死的飞鸽，正遭到几条出洞觅食的大蛇吞噬。

就在伍尔夫驾车出事的第二天，离开那棵枯树不远的地方，又有两辆轿车发生事故：一辆失去控制，冲到桥下落进了河底；一辆与迎面开来的车相撞……

幸运的是，这几个司机，包括伍尔夫在内都没有死。事后，他们回忆这段往事，仍迷惑不解。他们说车开始都很正常，不知怎么回事，到了那棵被雷电击歪的枯树底下，听见那只"昼出夜伏"的猫头鹰的怪叫声，就会头晕眼花，呼吸困难，接着就发生了那场意想不到的车祸。

人们的注意力一下子集中到停在那棵枯树上的猫头鹰身上。经过勘查，人们发现那儿是猫头鹰的大本营。除了晚上猫头鹰出来觅食、巡夜之外，白天也可以看到它们的身影。在生理结构和生活习惯上，它们和别处的家族显然没有什么两样。

然而，人们在枯树周围，发现许多果树、棕榈和杜鹃花都枯萎了。而且栽一次死一次，树苗没有一棵成活的。

如今，科学家终于揭开了这儿的谜：很久以来，在枯树周围（也就是"百慕大三角"）地底下，隐藏着许多难以发现的地下水脉。如果用先进的仪器探测，可以听到离地面很远的地底下，贯穿着无数大大小小、密密层层的地下河流，日夜不断地发出淙淙的流水声。

地下水脉的辐射，能穿过地层，传到地面，传到空中，使人畜昏迷、花果树木衰亡。

然而，它却能使猫头鹰、蛇等虫兽繁衍生息，子孙满堂。

它是华沙"百慕大三角"的地下幽灵，酿成伍尔夫车毁人伤的罪魁祸首。

极地爱斯基摩人集体失踪

极地的冬夜是世界上最漫长的夜。

暮色渐渐笼罩着加拿大最北端的小山村。它如同被冰雪裹上了一层坚厚的铠甲，在透明的白色世界里沉睡。此刻，在通往村外的一条小路上，传来一阵轻快悠扬的铃声，一会儿，便看见一辆由四条高大的纽芬兰狗拖着的雪橇，正朝村里驶来。

雪橇上坐着的是28岁的爱斯基摩猎手尼科尔。早晨，他告别了妻子玛丽和5岁的女儿弗蕾丝，在冰雪满地的林子里转悠了一整天。这个小村庄里总共住着100多个爱斯基摩人，按照祖辈留传下来的习俗，他们和睦地相处在一起，结成一个部落式的集体，哪家哪户有事，都会出来相互帮助。他们都以狩猎为生。

以往，每天尼科尔打猎回来，弗蕾丝总会站在村口一棵老树下迎接爸爸，然后欢呼一下扑进尼科尔的怀里。

可是今天，既看不见站在树下翘首等待自己的小弗蕾丝，也望不到红屋顶上升起的炊烟，甚至每家每户的烟囱都是冷冰冰的，村子里一片寂静，听不见狗吠声，连一点儿灯火也没有。

尼科尔觉得很奇怪。他跳下雪橇，慢慢朝家里走去。当他走近自己的小木屋时，高声喊道："玛丽，我回来啦！"

若在平时，玛丽会一边用围裙擦着手，一边笑吟吟地走出屋来，可是现在毫无反应，连弗蕾丝也没出来。他突然发现屋子的门开着，便满腹狐疑地走了进去。

屋子里静静的。灶台上锅碗瓢盆分散着摆开，好像玛丽有什么事暂时离开了这里。地上还有一只歪倒在一边的绒布娃娃和别的一些玩具。那是小弗蕾丝心爱的宝贝。那么，她们到哪儿去了呢？

尼科尔一边在屋子里转着圈子，一边呼唤道："玛丽！弗蕾丝！你们在哪儿？"然而，答应他的只是他自己的回声。尼科尔开始紧张起来。这个时候她们绝不会外出。

"莫非她们被狼叼走了？"尼科尔此刻尽往坏处想。这个地区常有饥饿的狼群出没。尤其是在觅不到食物的极地的冬季。它们常常在傍晚时分向村子里毫无抵抗的妇女和儿童袭击。

尼科尔奔出屋子，用一个猎人的敏锐目光搜索地面，却没有发现任何野兽留下的足迹。他的心上突然蒙上一种不祥的预感，抬起头来往前看去，不禁惊诧万分，他看见家家户户的门都敞开着，死沉沉的一点儿也没有生气。

尼科尔挨家挨户地进门去看，竟发现每户人家都空荡荡的没有一个人影！他扯着喉咙大喊大叫也没有人回答他。

"奇怪！太奇怪了！全村的人都跑到哪儿去啦？"他边跑边喊，四周竟连猫狗牛羊等牲畜也看不见。

尼科尔气喘吁吁地跑到村头，他看见了更令人惊骇的一幕：

这里是坟地。大大小小的坟墓全都被掘开了。各种各样的随葬品被抛散一地，唯独墓穴里的尸骨不翼而飞！每个墓穴都是如此！可见整个村庄，包括坟地，不管死人活人，连同家禽牲畜都突然失踪了！而人们的房舍及一切生活用品都完整如故！

黑暗已经完全笼罩下来了。尼科尔面对着无人的空村，疯了似的大喊大叫，仿佛觉得世界的末日已经来临，一切都毁灭了，上帝只把他一个人留在这世界上。尼科尔在黑暗中到处乱跑，终于消失在漫天风雪中。

这件旷古未闻的奇事发生在1903年2月的某一天，没过多久，加拿大许多城市的新闻机构都竞相报道了这件奇事。有些人都将此事解释为"外星人的抢劫"，也有人认为是一种人类还不了解的自然力的作用。但究竟是什么原因，至今还是一个不解之谜。

家具不翼而飞

　　事件发生在哥伦比亚的弗洛伦西亚地区的一个村庄里。这天早晨，村民卡尔斯和妻子安娜起床后都觉得有点儿头晕，过了一会儿，他们同时感到脚下的地面有轻微的颤动感，当时他们并不在意，忙了一阵家务后，都各自干活去了。

　　傍晚，安娜回来了。当她走进厨房准备做饭时，忽然发现原先放餐具的那只小橱不翼而飞。她觉得很奇怪，肯定没有人来过，那只橱会到哪儿去了呢？可她到处找也不找不到，偶然抬头，竟发现那只小橱被高高地挂在屋子的平顶上。她怀疑是卡尔斯干的恶作剧，故意和她闹着玩的，可是她再一想，平顶上从来没钉过钉子或钩子，也无法挂上去，这是怎么回事呢？就在这时，安娜又发现身边的一只凳子也忽然动起来，然后飘飘悠悠地往平顶上飞去，最后"砰"的一声紧贴在平顶上一动也不动了。安娜看着眼前的情景，断定自己是在做梦。

　　这时卡尔斯也回来了，见妻子呆呆地望着天花板出神。当他弄清真相后，无论如何不相信这是事实。夫妻俩正在大惑不解时，身边的另一只木凳也开始离开地面往空中升去，几秒钟后，也牢牢地贴上了平顶。没隔多久，屋子里的那些木橱和凳子等差不多重量的木制东西，全都先后到达了平顶上。

　　难道这屋顶上有什么磁性？不对，磁性只能对铁产生吸引力。那么是什么力量把这些木制的家具吸上去的呢？卡尔斯想弄清这怪事的真相，他好不容易爬上了他那个很平常的砖瓦砌起来的屋顶，可是看了好半天也查不出什么名堂来。于是夫妇俩开始想办法把这些被吸上去的橱子和凳子弄下来，结果全是白费气力，只好无可奈何地望着挂在头顶上的东西。

　　这天夜晚，夫妇俩睡着后不久，一阵噼噼啪啪的声响将他们从睡梦中惊醒过来。一看，那些吸在平顶上的橱子和凳子一下子全都掉下来了，东倒西歪地撒了一地！

　　这桩奇闻很快就传开了，所有的人都感到十分惊异，纷纷去问科学家是什么道理。科学家摇摇头说："这类现象极少出现，室内为什么会发生，现在还不清楚，只有等待后人去研究了。"

古人从雷电中走来

几年前，几个英国考古学家在尼罗河上游的西岸发现了一座距今3000多年前的古埃及法老的墓葬。

这座远古的陵墓规模非常宏大。为了对墓穴以及墓中的全部珍贵出土文物进行严格保护，在当地政府的协助下，派出大批民工，在古墓的四周建造起一座巨大的玻璃房，将整个墓穴笼罩起来，然后由考古学家们对墓中的所有文物进行长时间的挖掘、鉴定和研究。

这座陵墓的发现对人类文明史的研究有重大意义，使这几位考古学家欣喜若狂。著名史学家安德森·赫本教授几乎忘记了休息，没日没夜地工作起来，后来干脆把研究室也安置在古墓里了。

为了加强安全防卫，除了派人在玻璃房外看守外，赫本教授与他的助手还雇了一名年老的看墓人和自己作伴。

有一天夜里，赫本教授正迷醉于一堆正在清理的法老随葬金银器皿时，忽听耳边雷声大作，不一会儿，下起了倾盆大雨。粗大的雨点打击在玻璃房的顶上，发出一阵阵擂鼓般的声响。时而，空中又划过一道道闪电，闪电过处，天地间如同白昼，将整个古墓映照得通明透亮。

赫本教授走出了工作室，和助手以及那位看墓老人一起到四周查看一番，看看古墓会不会遭雷击或者有漏雨的地方，以免墓内的珍贵文物受损。

幸好玻璃房做得很严密，一切都安然无恙，赫本教授放心了，吩咐大家回去休息。这时，他们的耳边由远而近地传来了一阵很奇怪的声音，这种声音从来没有听见过。他们四下里看看，却没有发现任何可疑的迹象。

　　这空旷的古墓里气氛忽然变得异常起来，使赫本教授等人产生了一种莫名其妙的恐惧感。

　　忽然，夜空中又炸开一串惊雷，连续几道闪电再一次把墓穴照亮。在电光中，一个怪异的现象呈现在赫本教授的眼前，使他惊恐得几乎尖叫起来。他清清楚楚地看到一队穿着古埃及装束的人匆匆忙忙从墓穴的这头走向那头，连他们的面部神情都看清楚了，他们全部显得很紧张。这时，赫本教授还看见一个身穿铠甲、手持一根长矛的武士正迎面向他走来，赫本教授浑身颤抖，尖叫一声。这时，一切都立即消失了，前后不过几秒钟的时间。

　　这恐怖的一幕几乎使赫本教授窒息，好一会儿才缓过气来。他忙问他的助手和那个年老的看墓人。更令人奇怪的是，赫本教授所见到的一切，他们也全都见到了，都吓得直哆嗦，可见刚才这一幕在每个人的眼前确实出现过，而不是赫本教授的幻觉。

　　这位著名的史学家陷入了深深的困惑：难道这是古墓里的幽灵吗？难道世上真的存在所谓的鬼魂吗？

　　事情发生后，形成了新的世界之谜，但随着科学的不断发展，这些世界之谜总有一天会被人类揭开的。

◎ 专家说地 ◎

　　遇到一位老者问我们做什么，我说是看看地。他问："地下有宝吗？"我说："或者有或者没有。"他又问："能看好深？"

　　这句话骤听起来似乎可笑，然而实际含着精微的哲理。我们为什么要看东西？是要得到认识，认识愈真切，便是看的愈深。……看地质的人，就是想往里看，往深看……

——李四光

著名地质学家李四光

李四光教授是中国现代卓越的科学家、著名的社会活动家、杰出的教育家和伟大的爱国主义者；1889年诞生于湖北省黄冈县一个贫寒私塾教师家庭；1904年官费留学日本，在大孤高等工业学校学造船。1907年在东京加入孙中山先生创建的中国同盟会，追随孙中山先生参加推翻满清封建王朝的革命。

辛亥革命后，他因不满袁世凯、黎元洪篡夺革命果实的行径，辞去政府高官，于1913年再次出国留学，在英国伯明翰大学，师从包尔顿教授学习地质，从而与地球科学结缘，走上了艰巨而又光辉的科学道路。

1920年回国后，他受聘于北京大学，任教授。执教期间，他对中国北方，特别是山西蟌科化石进行了深入研究，以求揭示石炭二叠纪太原系的地层层序和煤层层位，满足煤田工作的需要。

他采集了大量蟌科化石标本，详细研究了它们的壳体构造，从而建立了蟌科化石分类标准。

该标准被广泛接受和采用。他关于蟌的研究，著述甚多，其所著《中国北部之蟌科》（1921年出版）奠定了蟌化石分类、演化、分布及应用的基础，解决了长期未划分的华北石炭二叠纪太原系和广泛分布于华南的石炭纪、二叠纪灰岩的地层问题。

在地层学方面，他还和学生赵亚曾于1924年首次测制并详细研究了长江三峡地层剖面，这一标准剖面后来被广泛应用，并用来同其他地区特别是华南的早古生代——晚前寒武纪地层进行对比。

1921年他带领学生野外实习时，在太行山东麓首次发现中国第四纪冰川，此后，在长江中下游、江西庐山、安徽黄山和华南其他地方，开展进一步调查，收集到更多冰川流行的证据，发表了一系列关于中国第四纪冰川的文章，其中《冰期之庐山》是其代表作之一。

经他根据调查的大量资料鉴定后，确定了鄱阳、大姑、庐山三次冰期和两次间冰期，后又提出鄱阳冰期之前还有更老的亚冰期存在。中国第四纪冰川的确立，是我国第四纪地层学和气候学研究上的一个重要里程碑。它在生产实践上对寻找地下水资源、砂金矿床、选定工程建设场址，不仅是有益的，而且是有成效的。

在他致力于华东石炭——二叠纪层工作时，发现这些地层北方主要是陆相碎屑沉积，夹有海相灰岩，而在南方则主要是海相灰岩。这表明从北往南，海水加深。经他对大陆上海水进退规程的初步探索，得出一种假说：

大陆上海水的进退有可能由赤道向两极和由两极向赤道的方向性运动。这种方向性运动的变化可能是由于地球自转速度在漫长的地质时代中反复发生了时快时慢的变化所引起的。从而提出构成大陆的岩石受到应力作用会发生刚性和塑性形变，他根据多年野外工作经验，发现存在于地球表面的一切形变（构造）现象，它们的方位，对地球自转轴来说，是有规律的。他指出：

一切具有成因联系的构造形迹，经常按照一定形式组合起来，形成一个特殊的体系，即构造体系。他把构造体系分为三种类型：第一，纬向构造体系；在中国境内有三条东西走向的构造带，即天山—阴山东西构造带，昆仑山—秦岭东西构造带和南岭东西构造带。第二，经向构造带。第三，各种扭动构造，包括山字型构造、多字型构造、人字型构造、棋盘格式构造和旋扭构造，其中规模较大的扭动构造体系是新华夏系，以及各种旋卷构造等，并建立了地质力学的工作方法和步骤，他提出，岩石对应力作用的反应，主要决定于岩石的力学性质，应力作用的时间长短以及岩石所处的物理条件，特别是在所在地的热状态。

李四光关于地壳构造和地壳运动的思想，先后较系统地发表在《中国地质学》、《地质力学的基础与方法》、《地质力学概论》等著作中，对这样一门边缘学科，他觉得用"地质力学"这一词更为确切。

1927年，李四光应"中央"研究院蔡元培院长邀请，主持地质研究所的筹建并首任所长，任职二十余年。在抗日战争的烽火中，他带领全所人员，辗转数千公里，坚持地质科学和古生物学的研究。

他对中国地质科学事业的发展不辞艰辛，呕心沥血。培养了大量人才；从事科学研究，不依赖洋人，不迷信权威，在第四纪冰川、微体古生物、地质力学等领域做了深入的研究，取得了杰出的科学成果。

李四光长期担任北京大学地质系教授、系主任，造就了一批著名的地质学家，同时还担任北京大学评议会评议员，被聘为财务、庶务委员会委员和仪器委员会委员长等职，协助蔡元培校长为北京大学校务建设作出了贡献。此外，他还筹办了武汉大学，任过"中央"大学代校长、教授，京师图书馆副馆长等职。

新中国成立前夕，李四光虽远在欧洲讲学考察，但仍关注着祖国的命运。

1949年年初，他数次给中央研究院地质研究所的许杰（地质学家，解放后曾任地质部副部长、中国科学院院士）等人写信，支持他们坚守南京，反对搬迁广州，为新中国地质科学事业保留了一支队伍及设备。他本人拒绝国民党政府的利诱，冲破重重阻挠，于1950年年初回到祖国怀抱，从此投入到新中国的建设事业中。

李四光回国后，接受中央的委托组建全国的地质机构，规划地质科学研究、勘探与教育事业，并开始担任"中国地质工作计划指导委员会"主任，1952年中华人民共和国地质部成立又担任部长。

李四光在任十五六年中，新中国的地质队伍先后在各省、市、自治区迅速发展起来，探明了数以百计的矿种和矿产储量，并为城市建设、矿山建设、水利建设、铁道建设和重型建筑等完成了大量的工程地质、水文地质工作。

为了使我国地质事业的发展建立在我国自己的科学、研究和人才教育的基础上，他先在地质部组建了地质科学研究院及十几个专业性和区域性的研究所，完善、扩建了全国性的地质博物馆、资料馆和图书馆；为适应全国地质事业大发展的需要，对地质院系进行了调整和扩大，主持了北京、长春、成都等地质学院以及许多中等地质技术学校的建立，从而大大地加速了地质科学研究和地质人才的培养。李四光为新中国地质事业的成长费尽了心血，他是新中国地质事业的重要奠基人。

当我国开始执行第一个五年计划的时候，能源，特别是石油问题，是摆在新中国面前的重要问题之一。1949年以前找到的石油储量远远不能满足建设的需要。中国天然石油前景究竟如何？到哪里去找？对此毛泽东和周恩来等中央领导极为关切，曾垂询地质部长李四光。

李四光分析了中国油气形成和移聚的基本地质条件，对中国天然油气资源前景做出了肯定的回答，并提出了关键是做好地质勘探工作，应打开偏居西北一隅的勘探局面，要在全国广泛开展油气普查工作，找出几个希望大、面积广的油气区，作为勘探开发基地。

1954年他在题为《从大地构造看我国石油资源勘探的远景》报告中，全面系统地阐明了我国大地构造形式的特点和含油远景（即：青、康、滇地带；阿拉善—陕北盆地；东北平原—华北平原，三个远景最大的可能含油区）。

1955年春，他担任了全国石油普查委员会的主任，指导了石油勘探工作。在东北平原、华北平原先后突破之后，他指出新华夏系沉降带找油的理论是可靠的。李四光为祖国寻找石油建立了不可磨灭的功勋。

李四光在担任中国原子能委员会主任期间，为发展全国核能事业，寻找铀矿资源作出了重要贡献。李四光深感我们国家大、人口多，在能源方面光靠石油和煤是不够的，也易于造成资源浪费，是十分可惜的。因而积极提倡在我国开发和利用地热资源，加快打开地下热能宝库。

李四光担任中国科学院地震委员会主任和全国地震领导小组负责人时，对山西、甘肃、四川、广东等地区发生地震后，都及时进行了调查研究。尤其是1966年邢台发生强烈地震之后，非常焦虑，深感地震灾害对国家和人民生命财产造成的损失很严重，在他生命最后几年里，用了很大的精力投入地震的预测、预报研究工作。他认为地震是一种地质现象，大多是由于地质构造运动引起的。因此，对构造应力场的研究、观测、分析和掌握其动向，是十分重要的。他提出的这些思路和方法已为地震预测预报指明了方向，奠定了基础。

李四光率先在我国开拓许多领域，如：古地磁、同位素地质、构造带地质化学、岩石蠕变及高温高压试验、地应力测量、地质构造模拟实验等方面的研究。他是中国现代地球科学的开拓者，是地学方面把基础研究和应用研究很好地结合起来的典范。

李四光在中国科学院担任了多方面的工作，任副院长期间，协助郭沫若院长积极筹划和推进我国科学事业的全面发展，并曾筹建地质研究所、南京地层古生物研究所，兼任初期所长；在他建议、推动下成立了古人类脊椎动物研究所、古植物研究室、综合考察委员会、自然博物馆，并担任过中国第四纪研究委员会主任等职务。他还关心中国海洋科学事业的发展，亲自考察青岛海洋研究所。他担任国务院科教组组长时，认为改进数学教学工作对科学事业发展关系重大。在他逝世前一年，还组织了中国科学院数学研究所及清华、北大等校数学教师新编数学教材。他在中国科学院和中国自然科学事业的开拓中，作出了重大贡献。

李四光早在1922年与同仁发起并成立了中国地质学会，被选为第一届副会长，嗣后担任了较长时期的会长、理事长。40年代中期，李四光在重庆同爱国和进步的科学工作者一起团结大后方的科学工作者，成立了中国科学工作者协会，李四光任监事长；解放后，任中国科学技术协会全国委员会主席。作为中国科协的创建人和新中国多项科技事业的组织者，李四光不仅团结全国科学技术工作者，为祖国社会主义建设事业贡献聪明才智，还为普及科学知识、提高民族素质和全面繁荣祖国科学事业竭尽心力。

李四光是中国人民政治协商会议第一届全国委员会的委员，在第二、三、四届当选为副主席。

1971年4月29日，李四光这位在中国现代科学技术发展史上作出过卓越贡献的科学伟人殒落了，他的一生，经历祖国几次大的社会变革，取得的成就来之不易。从他一生的事迹中，我们可以看到，他富有民族自豪感和社会正义感，矢志不移的科学事业心和进取心；他在科学上不倦地追索真理，而且始终把自己的科学活动同祖国的前途、民族的命运、人民的事业紧密地联系在一起，为我国社会主义建设和地质科学的发展，作出了巨大的贡献。他毕生奋斗所取得的业绩，在振兴中华的史册中，闪耀着不灭的光辉。

看看我们的地球

李四光

地球是围绕太阳旋转的九大行星之一，它是一个离太阳不太远也不太近的第三个行星。它的周围有一圈大气，这圈大气组成它的最外一层，就是气圈。在这层下面，就是有些地方是由岩石造成的大陆，大致占地球总面积的十分之三，也就是石圈的表面。其余的十分之七都是石圈。不过，在大海底下的这一部分石圈的岩石，它的性质和大陆上露出的岩石的性质一般是不同的。大海底下的岩石重一些、黑一些，大陆上的岩石比较轻一些，一般颜色也淡一些。

石圈不是由不同性质的岩石规规矩矩造成的圈子，而是在地球出生和它存在的几十亿年的过程中，发生了多次的翻动，原来埋在深处的岩石，翻到地面上来了。这样我们才能直接看到曾经埋在地下深处的岩石，也才能使我们能够想象到石圈深处的岩石是什么样子。

随着科学不断地发达，人类对自然界的了解是越来越广泛和深入了，可是到现在为止，我们的眼睛所能钻进石圈的深度，顶多不过十几公里。而地球的直径却有着12000多公里呢！就是说，假定地球像一个大皮球那么大，那么，我们的眼睛所能直接和间接看到的一层就只有一张纸那么厚。再深些的地方究竟是什么样子，我们有没有什么办法去侦察呢？有。这就是靠地震的各种震波给我们传送来的消息。不过，通过地震波获得有关地下情况的消息，只能帮助我们了解地下的物质的大概样子，不能像我们在地表所看见的岩石那么清楚。

地球深处的物质，与我们现在生活上的关系较少。和我们关系最密切的，还是石圈的最上一层。我们的老祖宗曾经用石头来制造石斧、石刀、石钻、石箭等等从事劳动的工具。今天我们耕作不再需要这些原始石器了，可是，我们现在种地或在工厂里、矿山里劳动所需的工具和日常需要的东西，仍然还要往石圈里要原料。只是跟着人类的进步，向石圈索取这些原料的数量和种类都是越来越多了，并且向石圈探查和开采这些原料和工具和技术，也就越来越进步了。

最近几十年来，从石圈中不断地发现了各种具有新的用途的原料。比如能够分裂并大量发热的放射性矿物，如铀、钍等，我们已经能够加以利用，例如用来开动机器、促进庄稼生长、治疗难治的疾病等等。将来，人们还要利用原子能来推动各种机器和一切交通运输工具，要它们驯服地为我们的社会主义建设服务。

这样说来，石圈最上层能够给人类利用的各种好东西是不是永远采取不尽的呢？不是的。石圈上能够供给人类利用的各种矿物原料，正在一天天地少下去，而且总有一天要用完的。

那么怎么办呢？一条办法，是往石圈下部更深的地方要原料，这就要靠现代地球物理探矿、地球化学探矿和各种新技术部门的工作者们共同努力。另一条办法，就是继续找寻和利用新的物质和动力的来源。热就是便于利用的动力根源。比如近代科学家们已经接触到了好些方面，包括太阳能、地球内部的巨大热库和热核反应热量的利用，甚至于有可能在星际航行成功以后，在月亮和其他星球上开发可能利用的物质和能源等等。

关于太阳能和热核反应热量的利用，科学家们已经进行了较多的工作，也获得了初步的成就。对其他天体的探索研究，也进行了一系列的准备工作，并在最近几年中获得了一些重要的进展。有关利用地球内部热量的研究，虽然也早为科学家们注意，并且也已作了一些工作，但是到现在为止，还没有达到大规模利用地热的阶段。

人们早已知道，越往地球深处，温度越增高，大约每往下降33米，温度就升高摄氏一度（应该指出，地球表面的热量主要是靠太阳送来的热）。就是说，地下的大量热量，正闲得发闷，焦急地盼望着人类及早利用它，让它也沾到一分为人类服务的光荣。

怎样才能达到这个目的呢？很明显，要靠现代数学、化学、物理学、天文学、地质学以及其他科学技术部门的共同努力。而在这一系列的努力中，一项重要而首先要解决的问题，就是要了解清楚地球内部物质的结构和它们存在的状况。

地球内部那么深，那样热，我们既然钻不进去，摸不着，看不见，也听不到，怎么能了解它呢？办法是有的。我们除了通过地球物理、地球化学等对地球的内部结构进行直接的探索研究以外，还可以通过各种间接的办法来对它进行研究。比如，我们可以发射火箭到其他天体去发生爆炸，通过远距离自动控制仪器的记录，可以得到有关那个天体内部结构的资料，我们就可以进一步用比较研究的方法，了解地球内部的结构，从而为我们利用地球内部储存的大量热量提供可能。

在这些工作获得成就的同时，对现时仍然作为一个谜的有关地球起源的问题，也会逐渐得到解决。到现在为止，地球究竟是怎样来的，人们作了各种不同的猜测，各人有各人的说法，各人有各人的理由。在这许多的看法和说法中，主要的要算下述两种：一种说，地球是从太阳分裂出来的，原先它是一团灼热的熔体，后来经过了长期的冷缩，固结成了现今具有坚硬外壳的地球。直到现在，它里边还保存着原有的大量热量。这种热量也还在继续不断地慢慢变冷。另一种说法，地球本身的热量，是由于组成地球的物质中有一部分放射性物质，它们不断分裂而放出大量热量的结果。随着这种放射性物质不断地分裂，地球的温度，在现时可能渐渐增高，但到那些放射性物质消耗到一定程度的时候，就会逐渐变冷下去的。

少年朋友们，从这里看来，到底谁长谁短，就得等你们将来成为科学家的时候，再提出比我们这一代科学家更高明的意见了。

我相信，等到你们成长为出色的科学家，和跟着你们学习的下一代和更下一代的年轻科学家们来到世界的时候，人们一定会掌握更丰富更确切的资料，也更广泛更深入地了解了地球本身和我们太阳系的过去和现在的状况。这样，你们就有可能对地球起源的问题，作出比较可靠的结论。

也可以相信，再经过多少年，人类必定会胜利地实现到星际去旅行的理想。那时候，一定会在其他天体上面发现许多新的生命和更多可以为我们利用的新的物质，人类活动的领域将空前地扩大，接触的新鲜事物也无穷无尽的多。这一切，都必定使人类的生活更加美好，使人类的聪明才智比现在不知要高多少倍，人类的寿命也会大大地延长，大家都能活到一百几十岁到两百岁或者更高的年龄。到那个时候，今天那些能够活到七八十岁的老人，在这些真正高龄的老爷爷眼前，他们也就像你们的教师在今天的老人前面一样要变成青年人了。

少年朋友们，你们想想，这么大的变化，多有意思啊！

我们不能光是伸长脖子，窥测自然界奇妙的变化，我们还要努力学习，掌握那些变化的规律，推动科学更快地前进，来创造幸福无穷的新世界。

地壳的观念

李四光

　　人们都以为我们住在地壳的表面，实际上我们并非住在地面，却住在地中。我们的头上还有一层空气压着我们，包着我们。这层气壳的厚度，大致在三四百公里以上，不过愈向上走，气压已经比一厘米水银柱的力还小。我们住在气壳底下，正和许多海洋生物住在海底，抑或蚯蚓之类住在土中相类。气壳的组成，并非上下一致的。下部氧气较多，所以生物得以生活。愈往上走，氮气愈多，到一百公里以上，几乎完全是氮气(N_2)，再往上氢气(H_2)成了主要的成分，严格的讲起来，这一圈大气，要算是地球的皮表，要算是地壳，但是因为流质的关系，普通不认它是地壳。我们不独不认大气层为地壳，连那海洋也不认为是地壳的一部分。

　　实际上所谓地壳者，虽无严密的定义，然大致可说是指地球上部由普通岩石组成者而言。普通人所见者，只是岩石层的表面。地质家所见者，也不过从最新的地层到最老的地层以及各种所谓火成岩，一名凝结岩。那些极新的地层到极老的地层在一个地域总共的厚度，至多也不过二十余公里。然则人们怎样知道地下还有类似地表的岩石？又怎样知道这些岩石往下伸展到一定的厚度？更怎样知道地下是固质或液质抑或气质造成的？这些问题如果都是悬案我们有何理由说出地壳的名词。

　　然而地壳的名词，久已被人用了。地壳的人们，不见得对于地壳有极明显的了解。只是揣想着地下材料总和在地表露出的材料不同。这种观念的发动，大约一面受了星云学说的影响，一面又因为火成岩和地温的分配，似乎地下愈到深处，温度愈高，若温度超过一定的限度，一切的固质，不免变为流质，火山爆裂，岩流迸出，骤然一看，似乎都可以作流质地球的证据；所谓地壳者，正如地壳包着卵白卵黄。可是天体学者告诉我们，这样鸡蛋式的地球，是不能成立的。如果地球简直像鸡蛋式的构造，它早已受不起旋转和日月吸引的力量，它绝不能成现在这样的形状。

传统思想，如此的混沌。因之，对于地壳这一个名词，我们不敢任意接受。我们如若还想利用这一个名词，不能不作进一步的追求。且看我们能否替它找出相当的意义，地壳的命运，就决在这些。我们没有办法去打极深的地洞，也不过两千多米。地球如此之大，就是再凿穿两千米，也算不了一回事，况且愈到深处，工作的困难，增加愈多。我们还要知世界上有许多的事物，我们尽管能看见，能直接的感触，我们不见得就能认识，就能了解。观察是一回事，了解又是一回事。所以要看地球内部的情形，不能用肉眼，只能用智眼，不能直接的检查，只好用间接的方法探视。间接的方法，可分为下列几项，当然，仅就重要者而言：（一）地温；（二）岩石的分配；（三）地震；（四）均衡现象（内文均从略）。

依前述种种观测判断，地球的表面，除了大气层和海洋之外，确有较轻的岩石造成地壳在大陆方面。地壳可分为两层，其间界限，不甚清楚，一名里壳一名表壳，表壳由酸性岩石，如花岗岩之类造成。里壳由基性岩石如玄武岩玻璃之类造成。在海洋方面，尤其是太平洋方面，似无表壳，只有里壳。大西洋为一个比较新成的海洋，所以情形稍有不同。

表壳的厚度，至少有十五公里，也许到二十公里以上。里壳的厚度，大致与表壳相等。两壳总共的厚度至少有三十公里，也许厚到四十五公里。这是就变通的厚度而言。在特别的地方，它的厚薄，也许不是完全一致，不过不能超过此限太远。地壳以下，便是极基性而且甚重的岩石，与造成地壳的材料，性质颇有差异，现在我们所知道的情形，如是而已。

沧桑变化的解释

李四光

现在讲到地质上之问题因无材料准备，只能就广泛的内容来讲，今天只好讨论地质学内容的概略和发展的步骤，这问题的范围也很大，只能作个简单的叙述。

前几天在到彭公庙的路上，遇到一位老者问我们做什么，我说是看看地。他问："地下有宝吗？"我说："或者有或者没有。"他又问："能看好深？"

这句话骤听起来似乎可笑，然而实际含着精微的哲理。我们为什么要看东西？是要得到认识，认识愈真切，便是看的愈深。譬如我们平日看到好多东西，就说这个花木，如花是红的，叶是绿的。或者看见朋友，认识他或不认识他，实际上我们看到的对象，我们以为认识他，认真点说我们只认识他的外表，事实上未必认识他的本质。就认识的朋友而言，我们未必认识他的人格，他的个性。夫妇之间算最亲密，亦有时彼此不认识心性。又如房屋，只认识其轮廓，实际内容如何，尚不得知。刚才老人的话，看起来普通，其实很有道理。看地质的人，就是想往里看，往深看。然而究竟能看好深，便要问地质科学进展之程度和看者个人的造诣。

地质学探讨的问题大致可以说，是探讨沧海桑田的变化是桩什么事？沧桑变化是一段神话，似为无稽之谈，研究地质以后才知道有相当的道理，才能做一个解答。即在地质学发达程序看起来，沧桑之变是比较研究得早的。在中国宋朝的朱熹就有研究。看朱子语录，他说：你在山上石中时常可发现介类，如螺丝蚌蛤，这都是生长在水中的，居然发现在高山上，包含着现在的高山有个时候当在水中的意义。又说：好多山头有波纹状况，好像这山头是在水中造成的。

这些话都算是认识不差，朱子语录有这些话，足以证明沧桑变更之认识，朱子恐怕要算第一人，也可说是世界上第一个地质学家。前此希腊的学者，对于地质只有片断的记载，既无事实证明，也没有具体的考察，所以朱子研究地质学，在世界上最早。朱子以后，为意大利人利欧得欧达斐西(Lsonardo da Vinci)，他是画家、音乐家，也是文学家，是15世纪的人，就相当我国元朝时候。他常到外去，发现许多化石，他的研究比朱子还详细。此复讲地质学者，日渐增加。18世纪末叶，西欧文化日渐进步就是现代科学的嚆矢。18世纪末叶学术者甚多，有许多人研究地质学。他们研究的方法有两种：一条路是研究动植物的，另外有一条路是研究矿物的。因为石中有结晶体，如四方形、六方形、长方形，以及其他多面形等等，每种矿物每种结晶形，给人以一个名称，逐渐发展为矿物学。研究动植物的人，虽然不都研究生物的演变，化石是不可少的。第一条路研究矿物的，直至现在还继续下去，不过方法更精明进步罢了。第二条路研究化石的，经过了许多阶段。这都是学术上的变迁，对于沧桑的认识，关系很大。

这里也分为两大派：一为法国学者如邱维也(Cuver)等生物学家。要知道石代生物学者成千累万，而埋在石中者，例如介壳类、有脊椎动物类，在石中所找到的，现今大都不生存，这是什么道理？邱维也以为地球上常有洪水发生，每次洪水均有极大摧残与破坏，每经一次洪水，陆上生物死了个干净。再过一个时期，又发生一些新的生物，如是者若干次，所以说：古代生物与现代生物不同，就是洪水的缘故。又一派主张生物逐渐演变，无需洪水，如英国学者达尔文(C. Darwin)等，就是这一派的中坚分子。如古代的小马巨象，其各部分逐渐变更的情形，大半都是由化石中可以寻出，所以生物进化论说得以成立，地质上的现象，逐渐演进，也因之渐形确定。此两派学者斗争至烈，到19世纪大家都知道邱维也的主张是不对的，而渐进说是对的，是合理的。

从矿物的方面出发，也有两派斗争：一派为德国人，重要者如维纳(Wemer)等，其重要主张，为石头系火山爆发所致，如熔铁炉一样，石头在摄氏一千余度时大都熔化，到几百度便凝固了，这就是火面说。另一派为水成说，就是有若干土泥沙石头。因为在水中，故成层次，一层一层的，重重叠叠。我们假想河流挟泥沙冲入海中，平平的积成一层，设若另外一次水冲来，又成一层，像这样经过若干次，便成层叠不穷厚大的石头，这就是水成说。主张水成说的大部分是英国人，如哈定（Hutton）等。后来研究者根据事实，搜集证据的结果，证明水成说是对的。两派学者均能解释沧桑变化一部分的缘故，就是一大部分是水成的，一小部分是火成岩。现在已证明这是合于事实的。这两大重要学说经过事实证明，已属毫无疑问。

生物是逐渐进化的，岩是大部分在水内成功的，小部分是火山喷发的，已成定论。掘地考古，果如老人之言，看入愈深，则认识的愈多，故可钻地成孔，向下看，越深越好。不过这太笨了，这笨法子实际并不能用，若在大海中，不是十分的困难么？如岩石不是一层层平铺的，而是褶皱的、倾倒的、错乱的。故查勘地质者，如此更为困难。解决的方法，就靠生物的方法，以生物之进化程序来决定某代有某生物。拿这方法来研究，这是不够。另一方面就要拿构造的方法来补充。譬如一部未装订的、错乱的、残缺不全的二十四史，整理的方法乃清理皱褶，把它一页一页拉平；另一方面就是按字索时，如有曹操字句者，入三国志；有朱温字样者，入五代史；或根据某一事实之记载入某史，此即根据化石的方法和地质构造和条理。做地质工作者正如是，地质学之方式亦如此。

现在另有一问题，即所找者为何物，并不注明它距今有若干年。如二十四史学者亦不注意距今的年月，大概朝代年号来分别就够了。地质学亦如是。如寒武纪、泥盆纪、石炭纪、二迭纪、三迭纪、侏罗纪等等来决定。正如朝代一样的，由某纪即可追寻它的时间上的次序。但一般人士于此不大熟悉，犹如乡人不知道朝代一样。若追溯年数，最可靠的方法，是拿放射矿物来研究，放射性的爆裂是不受温度和压力影响的。按它的爆发之结果，来决定年代，这方法很有效，如石炭纪距今约五百个百万年，侏罗纪为三百个百万年。地质学是以百万年为单位的，时间好像过长，但学地质的是感觉兴趣的。好像麻姑所说的沧桑之变，是实有的事。不过沧海变桑田，太普通太易见了，倒不足为奇。不如说是山海变更，更觉彻底，更显利害，更能得到重大结果，更表明变化的重要阶段。

造山运动的解释，近二三年才达到重要的阶段。因为利用物理学尤其是力学上的原则来研究，已脱离渐变说急变说的幼稚言论。适才主席提到这种研究的中国人，的确有相当的贡献。因为欧洲有传统的学说，并且欧洲各国为国境所限，地域太狭，研究者限于局部，故无大发展。中国国土非常广大，可看见整个大陆，因此天然给我们一个好机会，可以看得清清楚楚的，不致于像在欧洲一样，只看到一个局部，所以有新的发展，有新的贡献。

中国的山脉是不乱的，有系统的。最有系统的是东西线。最北和（前）苏联交界的，是唐努山脉、肯特山脉；往南内外蒙古分界的，便是阴山山脉；再南便是昆仑山脉、秦岭山脉；最南就是南岭山脉。这种东西线的山脉，每两条相隔纬度大约8度，即约八公里。这种情形全世界都有。惟在欧洲有国土的限制，故难有显著的研究。

另一种为弧形山脉，我个人称它为山字岭山，因为像个山字。如湘南系，从资兴至郴县苏仙岭、临武竺花岭，而至都庞岭，中间一直说是衡山、阳明山、九嶷山，故两边有耒阳、祁阳、道县等平原。两端各有一反射弧，资兴正在反射弧形之中，彭公庙鄞县边境去看，果然不错。明日还要到青要铺去看反射形之自然转弯现象。想在青要铺方面，一定可以看到。主要者，反射弧形均朝向赤道，美洲、欧洲、非洲都是这样的。个人的意见，解释这种弧形构造的生成，似乎与地球的自转速率有关。假定地球愈转愈慢，则甚难解说此现象。若地球愈转愈速，则因离心力水平分力的关系，部分移动，便成向着赤道壳表面摺成山字形的现象。又假定转动愈速之后，便成大陆分裂现角。例如南北美洲因为赶不上速度，便逐渐与欧非大陆脱节。这里有许多证据，例如有种种不能渡海的陆上生物，在非洲也有，而在美洲也有。故可证明美洲原与欧非两洲连贯。后因不能追上此转动之速度，美洲遂致落伍而脱节。根据此种说法，可说明大陆之成因、山字形山脉之成因，此种说法正在萌芽，若非战争发生，恐十年内便可得到定论。将来这种说法成定论之后，便可解释地质上许多，并可解释沧桑变化的道理。

个人一点小小的贡献，说不上讲学，耽搁诸先生许多时候，再向诸位先生道歉。

浅说地震

李四光

　　地震能不能预报？有人认为，地震是不能预报的，如果这样，我们做工作就没有意义了。这个看法是错误的。地震是可以预报的。因为，地震不是发生在天空或某一个星球上，而是发生在我们这个地球上。绝大多数发生在地壳里，一年全球大约发生地震五百万次左右，其中百分之九十五是浅震，一般在地下五至二十公里上下。虽然每隔几秒种就有一次地震或同时有几次，但从历史的纪录来看，破坏性大以致毁灭性的地震，并不是在地球上平均分布，而是在地壳中某些地带集中分布。震源位置，绝大多数在某些地质构造带上，特别是在断裂带上。这些都是可以直接见到或感到的现象，也是大家所熟悉的事实。

　　可见，地震是与地质构造有密切关系的。地震，就是现今地壳运动的一种表现，也就是现代构造变动急剧地带所发生的破坏活动。这一点，历史资料可以证明，现今的地震也是这样。

　　地震与任何事物一样，它的发生不是偶然的，而是有一个过程。近年来，特别是从邢台地震工作的实践经验来看，不管地震发生的根本原因是什么，不管哪一种或哪几种物理现象，对某一次地震的发生，起了主导作用，它总是要把它的能量转化为机械能，才能够发动震动。关键之点，在于地震之所以发生，可以肯定是由于地下岩层，在一定部位，突然破裂，岩层之所以破裂又必然有一股力量（机械的力量）在那里不断加强，直到超过了岩石在那里的对抗强度，而那股力量的加强，又必然有个积累的过程，问题就在这里。逐渐强化的那股地应力，可以按上述情况积累起来，通过破裂引起地震；也可以由于当地岩层结构软弱或者沿着已经存在的断裂，产生相应的蠕动；或者由于当地地块产生大面积、小幅度的升降或平移。在后两种情况下，积累的能量，可能逐渐释放了，那就不一定有有感地震发生。因此，可以说，在地震发生以前，在有关的地应力场中必然有个加强的过程，不一定都是发生地震的前兆，这个主要是由当地地质条件来决定的。

不管那一股力量是怎样引起的，它总离不开这个过程。这个过程的长短，我们现在还不知道，还待在实践中探索，但我们可以说，这个变化是在破裂以前，而不是在它以后。因此，如果能抓住地震发生前的这个变化过程，是可以预报地震的。

可见，地震是由于地壳运动这个内因产生的。当然，也有外因，但不是起决定性作用的。所以，主要还是研究地球内部，具体一点说，是研究地壳的运动。在我看来，推动这种运动的力量，在岩石具有弹性的范围内，它是会在一定的过程中加强，以致于在构造比较脆弱的处所发生破坏，引起震动。这就是地震发生的原因和过程。解决地震预报的主要矛盾，看来就在这里。

这样，抓住地壳活动的地带，用不同的方法去测定这种力量集中、强化乃至释放的过程，并进一步从不同的途径去探索掀起这力量的各种原因，看来，是我们当前探索地震预报的主要任务。

地应力存不存在？我们一次又一次，在不同的地点，通过解除地应力的办法，变革了地应力对岩石的作用的现实状况，不独直接地认识了地应力的存在和变化，而且证实了主应力，即最大主应力，以及它作用的方向处是水平的或接近水平的。从试验结果看，地应力是客观存在的，这一点不用怀疑。瑞典人哈斯特，他在一个砷矿的矿柱上做过试验，在某一特定点上的应力值，原来以为是直方向的应力大，后来证实水平方向应力比垂直方向的应力大五百多倍，甚至有的大到一千倍。

构造地震之所以发生，主要是在于地壳构造运动。这种运动在岩层中所引起的地应力和岩层之间的矛盾，它们既对立又统一。地震就是这一矛盾激化所引起的结果。因此，研究力的变化、加强到突变的过程是解决地震预报的关键。抓不住地应力的过程，就很难预言地震是否发生。

地球年龄 "官司"

李四光

　　地球的年龄，并不是一个新颖的问题。在上古的时代早已有人提及了。例如那加尔底亚人(Chaldeans)的天文家不知用了什么方法，算出世界的年龄为21.5万岁。波斯的琐罗亚斯德(Zoroaster)一派的学者说世界的存在，只限于1.2万年。中国俗传世界有12万年的寿命。这些数目当然没有什么意义。古代的学者因为不明自然的历史，都陷于一个极大的误解，那就是他们把人类的历史、生物的历史、地球的历史，乃至宇宙的历史，当作一件事看待。意谓人类未出现以前，就无所谓宇宙，无所谓世界。

　　中古以后，学术渐渐萌芽，荒诞无稽的传说，渐渐失却信用。然而公元1650年时，竟有一位有名的英国教主阿瑟(Bishop Ussher)，曾大书特书，说世界是公元前4004年造的! 这并不足为奇，恐怕在科学昌明的今日，世界上还有许多人相信上帝只费了6天的工夫，就造出我们的世界来了。

　　从18世纪的中叶到19世纪的初期，地质学、生物学与其他自然科学同一步调，向前猛进。德国出了伟尔纳(Wemer)，英国出了哈同（Hutton），法国出了蒲丰(Buf-fon)、陆谟克(Lunarck)，以及其他著名的学者。他们关于自然的历史，虽各怀己见，争论激烈，然而在学术上都有永垂不朽的贡献。俟后英国的生物学家达尔文(Chrles Darwin)、华勒斯(Alfred Russel Wallace)、赫胥黎(Huxley)诸氏，再将生物进化的学说公诸于世。于是一般的思想家才相信人类未出现以前，已经有了世界。那无人的世界，又可据生物递变的情形，分为若干时代，每一时代大都有陆沉海涸的遗痕，然则地球历史之长，可想而知。至此，地球年龄的问题，始得以正式成立。

就理论上说，地球的年龄，应该是地质学家劈头的一个大问题，然而事实不然，哈同以后，地质家的活动，大半都限于局部的研究。他们对于一层岩石、一块化石的考察，不厌精详；而对过去年代的计算，都淡焉视之，一若那种的讨论，非分内之事。实则地质家并非抛弃了那个问题，只因材料尚未充足，不愿多说闲话。待到克尔文(Lord Kelvin)关于地球的年龄发表意见的时候，地质家方面开始有一部分人觉得克氏所定的年龄过短，他的立论，也未免过于专断。这位物理家不独不顾地质学上的事实，反而嘲笑他们。克氏说："地质家看太阳如同蔷薇看养花的老头儿似的。蔷薇说道，养我们的那位老头儿必定是很老的一位先生，因为在我们蔷薇记忆之中，他总是那样子。"

物理学家既是这样的挑战，自然弄得地质家到忍无可忍的地步，于是地质学家方面，就有人起来同他们讲道理。

所以地球年龄的问题，现在成了天文、物理、地质三家公共的问题。

天文学地球年龄的说法

李四光

1749年，丹索（Dunthome）依据比较古今日蚀时期的结果，倡言现今地球的旋转，较古代为慢。其后百余年，亚当斯（Adams）对于这件事又详加考究，并算出每100年地球的旋转迟22秒，但亚氏曾申明他所用的计算的根据，不是十分可靠。康德在他宇宙哲学论中曾说到潮汐的摩擦力能使地球永远减其旋转的速率，一直到汤姆孙（J·Thomson）的时代，他又把这个问题提起来了。汤氏用种种方法证明地球的内部比钢还要硬。他又从热学上着想，假定地球原来是一团热汁，自从冷却结壳以后，它的形状未曾变更。如若我们承认这个假定，那就是由地球现在的形状，不难推测当初凝结之时它能保平衡的旋转速率。至若地球的扁度，可用种种方法测出。旋转速率减少之率，也可由历史上或用旁的方法求出。假若减少之率通古不变，那么，从它初壳到今天的年龄，不难求出。据汤氏这样的结果，他说地球的年龄顶多不过10亿年。地球在赤道的凸度比现在的凸度应该还要大，而两极应较现在的两极还要平。汤氏这一回计算中所用的假定可算的不少。头一件，他说地球的中央比钢还硬些。我们从天体力学上着想，倒是与他的意见大致不差；但从地震学方面得来的消息，不能与此一致。况且地球自结壳以后，其形状有无变更，其旋转究竟是怎样的变更，我们无法确定。汤氏所用的假定，既有些可疑的地方，他所得的结果，当然是可疑的。

达尔文（Geo. Darwin）氏从地月系的动转与潮汐的关系上，演绎出一种极有趣的学说，大致如下所述：地球受了潮汐的影响，渐渐减少旋转能，是我们都知道的。按力学的原则，这个地月系全体的旋转能应该不变，今地球的旋转能既能减少，所以月球在它的轨道上旋转能应该增大，那就是由月球到地球的距离非增加不可。这样看来，愈到古代，月球离地球愈近。推其极端，应有一个时候，月球与地球几乎相接，那时的地球或者是一团粘性的液质，全体受潮汐的影响当然更大。据达氏的意见，地球原来是液质，当然受太阳的影响而生潮汐。有时这团液质自己摆动的时期，恰与日潮的时期相同，于是因同摆的现象，摆幅大为增加，一部分的液质就凸出了很远，卒致脱离原来的那一团液质，成了他的卫星，这就是月球。当月球初脱离地球的时候，这个地月系的运转比现在快多了，那时1月与1日相等，而1日不过约与现在的3点钟相当。从日月分离以来，每月每日的时间都渐渐变长了。

近来辰柏林(T．C．Chamberlin)等，考究因潮汐的摩擦使地球旋转的问题，颇为精密。他们证明大约每50万年1天延长1分。这个数目与达氏所算出来的数目是相差太远了。达氏主张的潮汐与地月转学说，虽不完全，他所标出来地球各期的年龄，虽不可靠，然而以他那样的苦心积虑，用他那样数学的聪明才力，发挥成文，真是堂堂皇皇，在科学上永久有他的价值存在。

天文理论说地球年龄

李四光

　　在讨论这个方法以前，我们应知道几个天文学上的名词。

　　地球顺着一定的方向，从西到东，每日自转一次，它这样旋转所依的轴，名曰南北极。今设想一平面，与地轴成直角，又经过地球的中心，这个平面与地面交切成圆形，名曰赤道，既同在这一个平面统名曰赤道平面。地球一年绕日一周，它的轨道略成椭圆形。太阳在这椭圆的长轴上，但不在它的中央。长轴被太阳分为长短不等的两段，长段与地球的轨道的交点名曰远日点，短段与地球轨道的交点名曰近日点。太阳每年穿过赤道平面两次。由赤道平面以北到赤道平面以南，它非经过赤道平面不可，那个时候，名曰秋分。由赤道平面以南到赤道平面以北，又非经过赤道平面不可，那个时候，名曰春分。当春分的时候，由地球中心经过太阳的中心作一直线向空中延长，与天球相交的一点，名曰白羊官（Aries）的起点。昔日这一点在白羊官星宿里，现在在双鱼官（Pisces）星宿里，所以每年白羊官的起点的迁移，名曰春秋的推移（Precession of equnoxes）。在公元前134年，喜帕卡斯（Hipparchus）已经发现这件事实。牛顿证明春秋之所以推移，是地球绕着斜轴旋转的结果，我们也可说是日月及行星推移的结果。春分秋分既然渐渐推移，地轴当然是随之迁向，所以北极星的职守，不是万世一系的。现在充这个北极星的是小熊星（Ursa Minoris），它并不在地轴的延长线上。

　　拉普拉斯（Laplace）曾确定一件事实，那就是地球受其他行星的牵扰，其轨道的扁度按期略形增减，有时较扁，有时与圆形相去不远。但是据刻卜勒（Kepler）的定律，行星的周期，与它们轨道的长轴相关密切，二者之中，如有一项变更，其余一项，不能不变。又据兰格伦日（La-grange）的学说，行星的牵扰，决不能永久使地球轨道的长轴变更，所以地球的轨道，即令变更，其令变更之量必小，而其每年运行所要的时间，概而言之，可谓不变。

阿得马（Adhemar）首创地球轨的扁度变更与地上气候有关之说。勒末累（Leverrier）又表示如何用数学的方法，可培训出过去或将来数万年内，任何时候轨道的扁率。其后克洛尔（James Croll）发挥这个学说甚详，并用勒氏所立的公式，算出过去300万年内地球轨道的扁度最大及最小的时期。

一直到现在，我们说的都是天上的话，这些话在地上果然应验了么？地球的过去时代果然有冰期循环叠见么？如若地质时代果然有若干个冰期，那么，我们也可用这种天文学上的理论来定地球各冰期到现今的年代，这件事我们不能不问地质家。

天文家这场话，好像是应验了。地质家曾在世界上各处发现昔日冰川移动的遗痕。遗痕最显著的就是冰川之旁，冰川之底，冰川之前，往往有乱石泥土，或成长堤形，或散漫而无定形。石块之中，往往有极大极重的，来自数千百里之遥，寻常河流的力量，绝不能运送的石块，常有一面极平滑，而其余各面，则棱角峭砺，平滑的一面，又常有摩擦的痕迹。冰川经过的地方若犹未十分受侵蚀剥削，另有一种风景。比方较高的山岭，每分两部，上部嵯峨，而下部则极圆滑。谷成U字形。间或有丘墟罗列，多带泽的形状。而露岩的地方，又往往有摩擦的痕迹。诸如此类的现象，不一而足，这是地质家的事，我们现在不用管它。

在最近的地质时代，那就是第四期的初期，也可说是初有人不久的时候，地球上的气候很冷。冰川冰海，到处流溢。当最冷的时候，北欧全体都在一片琉璃之下，洗荡数千万里，南到阿尔卑斯、高加索一带，中连中亚诸山脉，都是积雪皑皑，气象凛冽。而在北美方面，亦有浩大的冰川流徙；一支由腊布刺多（Labrador）沿着大西洋岸南进；一支由岐瓦廷（keewatin）地方，向哈得孙（Hudson）湾流注；一支由科的勒拉斯（Cordilleras）沿着太平洋岸进行。同时南半球也是一个冰雪漫天的世界，至今南澳、新西兰、安第斯（Andes）山脉以及智利等地，都有遗迹。甚至热带地方，如非洲中部有名的高峰乞力马扎罗（Kililmanjaro）的雪线，在第四期的初期再往古代找去，没有发现冰川的遗痕。一直到古生世代的后期，那就是石炭纪的中叶（PeUno Carbonifrto），在澳洲、印度、非洲、南美洲都有冰川流行的事。再往古代找去，又有许多很长的地质时代，未曾留下冰川的遗迹。到了肇生纪的初期，在中国长江中部、挪威、加拿大、澳洲等地，又有冰川现象发生。过此以往，地层上所载的地球的历史，到处都是极形模糊，人们再没有得着确实的冰川流行的遗迹。

地质事实说地球年龄

李四光

地质家对最近冰期距今的年限，共有几种方法。这几种方法之中，似乎以德基耳(DeGeer)所用的为最精密而且最有趣味。在第四期的初期，挪威与瑞典全土，连波罗的海一带，都是埋在冰里，前已说过。后来北半球的气候渐渐温和，那个大冰块的南头，逐年往北方退缩。当其退缩的时候，每年留下纪念品，就是粗细相间的停积物。

当春夏的时候，冰头渐渐融解。其中所含的泥土砂砾，随着冰释而成的水向海里流去。粗的质料，比如砂砾，一到海边就要沉下。而较细的质料，悬在水中较久，春夏流水搅动的时候，至少有一部分极细的泥土不能沉淀。到秋冬的时候，冰头冻了，自然没有泥土砂砾流到海里来。于是其中所含的极细的泥土，也可渐渐沉下，造成一层极纯净的泥覆于春夏时所停积的砂砾之上。到明年交春，冰又渐渐融解，海边停积的情形又如去年。所以每一年停积一层较粗的东西和一层较细的东西。年复一年，冰头渐往北方退缩；这样粗细相间的停积物，也随着冰头，渐向北方退缩，层上一层，好像屋上的瓦似的。

德氏用了许多苦工，从瑞典南部的斯坎尼亚(Scania)海岸数起，数了3.5万层泥，属于冰期的末造。由冰期以后，一直到今日，约计有7000层的停积。然则由冰头退抵斯坎尼亚到今天，一共经过了1.2万年。斯坎尼亚以南的停积，为波罗的海所掩盖，德氏的方法，不能适用。再南到德国的境界，这个方法也未曾试过。冰头往北方退缩的迟速，前后仿佛不是一致，愈到北方，有退缩的愈急的情形。比如在瑞典首都斯德哥尔摩(Stockholm)，退缩的速度比在斯坎尼亚已经快了五倍。按这样推想，冰头在斯坎尼亚以南的时候，比在斯坎尼亚还要慢些，所以要退出与在斯坎尼亚相等的距离，恐怕差不多要2500年。那有名的地质家索拉斯（Sollas），以这种议论为根据，暂定由最后的冰势最盛时代，到它退到瑞典南岸所费的年限为5000年，然则由最后冰期冰势的全盛时代到现在，至少在1.5万年以上，实数大约在1.7万年。在澳洲南部，地质家用别种方法，求出当地自从最后冰期到现在所历的年数，也是1.5-2.0万年之间。两处的年数，无论是否偶然相合，总可算得一致。那么，我们应该承认这个数目有点价值。

现在我们看天文家的数目与地质家的数相差何如，至少要差6万年。我们知道德氏的方法，是脚踏实地，他所得的数目，是比较可靠的。然则克氏的数目，我们不能不丢下。况且按天文学的理论，地球不能南北两半球同时发生冰川现象，而在过去时代，我们所知道的三个冰期，都不限于南北一半球。更进一层说，假若克氏的理论是对的，那么地球在过去时代，不知已经过几十百的冰期，何以地质家在地球上各处找了数十百年，只发现三回如若说是冰期的遗迹，没有保存，或者我们没有发现，这两句话未免太不顾地质学上的事实，也未免近于遁辞。

原来地上的气候，与天文、地理、气象三项中许多的现象有密切的关系。这三项现象，寻常互相调剂，所以地上气候温和。若是三项合起步调，向一方面走，那就能使极端热，或是极端冷的气候发生。比方，现在的西北欧，若没有湾流的调剂，虽不成冰期，恐怕与冰期的情形也要差不多了。总而言之，克氏一流天文家所创的学说，如若不加变更，大加修正，恐怕纯是纸上空谈，全以他们的理论为根据去定地球的年龄，正是所谓缘木求鱼的一场故事。

天文方面，既不得要领，我们现在就要问地质家，看他们有什么妥当的方法。

地球热的历史说地球年龄

李四光

　　地球上何以这样的暖？我们都知道是那太阳，无古无今，用它的热来接济我们。然则太阳里这样仿佛千古不变的热力是如何来的呢？这个问题，已经费了许多哲学家和物理家的思索。他们的思想，从历史上看来，自然是极有趣味，可惜我们没有工夫详细的追究，现在只好说一个大概。

　　德国有名的哲学家莱布尼兹(Lsibnitz)同康德(Kant)，都以为太阳为一团大火，它所发散的热，都是因燃烧现象。但经化学家切实解释以后，这种说法，当然不能成立。俟后迈尔(Mayer)观察摩擦可以生热，所以他想太阳的热，也许是许多陨星常常向太阳里坠落的结果。但是据天文家观察，太阳的周围，并非常常有星体坠落，假若往太阳里坠落的星体若是之多，太阳的质量必要渐渐增加，这都是与事实相反的。

　　赫尔姆斯(Helmholtz)以为太阳的热是由它自己收缩发展出来的。太阳每年发散的热量，可由太阳的射热恒数(solar constant of radiation)求出。赫氏假定太阳当初是一团星云，渐渐收缩，到了今天，成一球形，其中的质呈极匀。他并算出太阳的直径每缩短1%所生的热量，可与它每年所失的热量的2万倍相当。赫氏据此算出太阳的年龄，大约在2000万年以下。如若地球是太阳里分出来，当然地球的年龄，比2000万年还少。克尔文(Kelvin)对于这个问题的意见，也与赫氏相似；不过他信太阳的密度愈至内部愈大。

　　据物理家近来的研究，所有发射原质当发射之际，必发生热。又据分析日光的结果，我们早知道日中含有氦(He)质，所以我们敢断言太阳中必有原质。因此有许多人疑发射作用为太阳发热的主因。据最近试验的结果，1000万克(grammes)的铀(U)质在"发射平衡"之下，每1点钟能生77卡(calene)的热，而同量的钍(Th)所发的热量不过26卡。太阳每1点钟每1立方米所发射的热，平均约300卡，这些热量，假若都是由太阳内的发射原质（如铀、钍等）里发出来的，那是每1立方米的太阳质中，应有400万克的铀。但是太阳平均每1立方米的质量只有1.44×10克，即令太阳的全体都是铀做成的，由这种物质所生的热仅能抵挡它所消费的热量1/3，所以以发射物质发生的热为太阳现在惟一的热源，所差未免太多。

据阿耳希尼（Arrhenius）的意见，太阳外面的色圈(chromosphere)，大概都是单一的物质集合而成的。它的温度，约在6000℃-7000℃。其下的映像圈（Photosphere）里的温度，或者高至9000℃。愈近太阳的中心，温度和压力愈高大。太阳平均的温度据阿氏的学说计算，比它外面色圈的温度应高1000倍。在这种情形之下，按沙特力厄(Le Chatelier)的原则推测，太阳中部，应有特别的化合物，时时冲到外部，到温度较底的地方爆裂，因之生热。我们用望远镜往往看见太阳的表面有凸起的地方，或者就是这种冲出的气疱。这种情形，如果属实，那是我们现在从热方面，无法可以算出太阳自有生以来所历的年代。

关于这个问题，近年法国物理家拍蓝(Perrin)氏利用原子论和相对论作了一番有趣的计算。拍氏因为天文学家断定许多星云都是由氢气组成的，所以假定化学家所谓的种种元素都是由氢凝结而成的。

氢的原子量是1.008，而氦的原子量是4.00，那是氢而变为氦，失掉若干质量，质量就是能力，这些能力当然都变成热。照这样计算，拍氏算出太阳的寿命为10万兆年，地球年龄的最大限度，应为这个数目的若干分之一。但是我们若要从热的方面求地球自身的年龄，还不能不从地球自身的热量着想。

我们都知道到地下愈深的地方温度愈高。地温增加的率随地多少有点不同，浅处的增加率与深处的增加率当然也不等。据各地方调查的结果，距地面不远的地方，平均每深35米，温度加1℃。

从这种事实，又从热能力衰退(degradation of energy)的原则着想，克尔文根据帕松(Poisson)的假说，追溯地球从前必有一个时期，热度极高，而且全体的热度匀一，后来它的热力能力渐渐发散，所以表面结壳，失热愈多，结壳愈厚。

参 考 书 目

《科学家谈二十一世纪》，上海少年儿童出版社，1959年版。

《论地震》，地质出版社，1977年版。

《地球的故事》，上海教育出版社，1982年版。

《博物记趣》，学林出版社，1985年版。

《植物之谜》，文汇出版社，1988年版。

《气候探奇》，上海教育出版社，1989年版。

《亚洲腹地探险11年》，新疆人民出版社，1992年版。

《中国名湖》，文汇出版社，1993年版。

《大自然情思》，海峡文艺出版社，1994年版。

《自然美景随笔》，湖北人民出版社，1994年版。

《世界名水》，长春出版社，1995年版。

《名家笔下的草木虫鱼》，中国国际广播出版社，1995年版。

《名家笔下的风花雪月》，中国国际广播出版社，1995年版。

《中国的自然保护区》，商务印书馆，1995年版。

《沙埋和阗废墟记》，新疆美术摄影出版社，1994年版。

《SOS——地球在呼喊》，中国华侨出版社，1995年版。

《中国的海洋》，商务印书馆，1995年版。

《动物趣话》，东方出版中心，1996年版。

《生态智慧论》，中国社会科学出版社，1996年版。

《万物和谐地球村》，上海科学普及出版社，1996年版。

《濒临失衡的地球》，中央编译出版社，1997年版。

《环境的思想》，中央编译出版社，1997年版。

《绿色经典文库》，吉林人民出版社，1997年版。

《诊断地球》，花城出版社，1997年版。

《罗布泊探秘》，新疆人民出版社，1997年版。

《生态与农业》，浙江教育出版社，1997年版。

《地球的昨天》，海燕出版社，1997年版。

《未来的生存空间》，上海三联书店，1998年版。

《宇宙波澜》，三联书店，1998年版。

《剑桥文丛》，江苏人民出版社，1998年版。

《穿过地平线》，百花文艺出版社，1998年版。

《看风云舒卷》，百花文艺出版社，1998年版。

《达尔文环球旅行记》，黑龙江人民出版社，1998年版。